U0466124

无言之美

朱光潜 著

商金林 编

目录

辑一 作者自叙

作者自传 003
我与文学 011
致周扬 014
致方东美 016
从我怎样学国文说起 018
生命 029
自我检讨 037
老而不僵 041

辑二 美文汇翠

悼夏孟刚 045
旅英杂谈 049
慈慧殿三号——北平杂写之一 064
后门大街——北平杂写之二 069
露宿 074
花会 078
回忆二十五年前的香港大学 082
敬悼朱佩弦先生 087
缅怀丰子恺老友 092
以出世的精神,做入世的事业——纪念弘一法师 095

回忆上海立达学园和开明书店	097

辑三　教育箴言

谈动	103
谈静	106
谈作文	110
《谈美》开场话	114
"慢慢走，欣赏啊！"——人生的艺术化	117
谈趣味	124
谈书评	128
谈立志	132
谈英雄崇拜	137
谈交友	142
谈青年与恋爱结婚	148
谈谦虚	153

辑四　艺文杂谈

无言之美	163
《雨天的书》	173
两种美	178
说"曲终人不见，江上数峰青"——答夏丏尊先生	184
王静安的《浣溪沙》	189
读李义山的《锦瑟》	192
我在《春天》里所见到的——鲍蒂切利杰作《春天》之欣赏	194
眼泪文学	197
《望舒诗稿》	201
读《论骂人文章》	206

丰子恺先生的人品与画品——为嘉定丰子恺画展作　　209
　　论自然画与人物画——凌叔华作《小哥儿俩》序　　212
　　文学与人生　　217
　　现代中国文学　　224
　　谈中西爱情诗　　231
　　目送归鸿，手挥五弦　　235
　　从沈从文先生的人格看他的文艺风格　　239

辑五　评论小辑
　　立达学园旨趣　　243
　　中国思想的危机　　246
　　再论周作人事件　　251
　　朝抵抗力最大的路径走　　255
　　刊物消毒　　263
　　旧书之灾　　267
　　学术会议与实际研究工作　　271

辑一　作者自叙

作者自传

我笔名孟实,一八九七年九月十九日出生于安徽桐城乡下一个破落的地主家庭。父亲是个乡村私塾教师。我从六岁到十四岁,在父亲鞭挞之下受了封建私塾教育,读过而且大半背诵过四书五经、《古文观止》和《唐诗三百首》,看过《史记》和《通鉴辑览》,偷看过《西厢记》和《水浒》之类旧小说,学过写科举时代的策论时文。到十五岁才入"洋学堂"(高小),当时已能写出大致通顺的文章。在小学只待半年,就升入桐城中学。这是桐城派古文家吴汝纶创办的,所以特重桐城派古文,主要课本是姚惜抱的《古文辞类纂》,按教师的传授,读时一定要朗诵和背诵,据说这样才能抓住文章的气势和神韵,便于自己学习作文。我从此就放弃时文,转而摸索古文。我得益最多的国文教师是潘季野,他是一个宋诗派的诗人,在他的熏陶之下,我对中国旧诗养成了浓厚的兴趣。一九一六年中学毕业,在家乡当了半年小学教员。本想考北京大学,慕的是它的"国故",但家贫拿不起路费和学费,只好就近考进了不收费的武昌高等师范学校中文系。我很失望,教师还不如桐城中学的。除了圈点一部段玉裁的《说文解字注》，略窥中国文字学门径之外，一无所获。读了一年之后，就碰上北洋军阀的教育部从全国几所高等师范学校里考选一批学生到香港大学去学教育。我考取了。从一九一八年到一九二二年，我就在这所英国人办的大学里学了一点教育学，但主要地还是学了英国语言和文学，以及生物学和心理学这两门自然科学的一点常识。这就奠定了我这一生教育活动和学术活动的方向。

我到香港大学后不久，就发生了五四运动，洋学堂和五四运动当然漠不相干。不过我在私塾里就酷爱梁启超的《饮冰室文集》，颇有认识新鲜事物的热望。在香港还接触到《新青年》。我看到胡适提倡白话文的文章，心里发生过很大的动荡。我始而反对，因为自己也在"桐城谬种"之列，可是不久也就转过弯来了，毅然决然地放弃了古文和文言，自己也学着写起白话来了。我在美学方面的第一篇处女作《无言之美》就是用白话文写的。写白话文时，我发现文言的修养也还有些用处，就连桐城派古文所要求的纯正简洁也还未可厚非。

香港毕业后，通过同班友好高觉敷的介绍，我结识了吴淞中国公学校长张东荪。应他的邀约，我于一九二二年夏，到吴淞中国公学中学部教英文，兼校刊《旬刊》的主编。当我的编辑助手的学生是当时还以进步面貌出现的姚梦生，即后来的姚蓬子。在吴淞时代我开始尝到复杂的阶级斗争的滋味。我听过李大钊和恽代英两先烈的讲话。由于我受到长期的封建教育和英帝国主义教育，同左派郑振铎和杨贤江，以及右派中国青年党陈启天、李璜等人都有些往来，我虽是心向进步青年却不热心于党派斗争，以为不问政治，就高人一等。江浙战争中吴淞中国公学被打垮了，我就由上海文艺界朋友夏丏尊介绍，到浙江上虞白马湖春晖中学教英文，在短短的几个月之中我结识了后来对我影响颇深的匡互生、朱自清和丰子恺几位好友。匡互生当时和无政府主义者有些往来，还和毛泽东同志同过学，因不满意春晖中学校长的专制作风，建议改革而没有被采纳，就愤而辞去教务主任职，掀起一场风潮。我同情他，跟他一起采取断然态度，离开春晖中学跑到上海去另谋生路。我和他到了上海之后，夏丏尊、章锡琛、丰子恺、周为群等，也陆续离开春晖中学赶到上海。上海方面又陆续加上叶圣陶、胡愈之、周予同、陈之佛、刘大白、夏衍几位朋友。我们成立了一个立达学会，在江湾筹办了一所立达学园。开办的宗旨是在匡互生的授意之下由我草拟后正式公布的。这个宣言提出了教育独立自由的口号，矛头直接针对着北洋军阀的专制教育。与立达学园紧密联系在一起的还有由我们筹办的开明书店和一种刊物（先叫《一般》，后改名《中学生》）。"开明"是"启蒙"的意思，争取的对象是以中学生为主的青年一代。这家书店就是解放后由叶圣陶在北京主持的青年书店，即中国青年出版社的前身。我把上海的这段经历说详细一点，因为这是我一生的一个主要转折点和后来一些活动的起点。我的大部分著述都是为青年写的，而且是由开明书店出版的。

　　立达学园办起来之后，我就考取安徽官费留英。一九二五年夏，我取道苏联赴英，正值苏联执行新经济政策时代，在火车上和苏联人攀谈过，在莫斯科住过豪华的欧罗巴饭店，也在烟雾弥漫、肮脏嘈杂的小酒店里喝过伏特加，啃过黑面包，留下了一些既兴奋而又不很愉快的印象。到了英国，我就进了由香港大学的苏格兰教师沈顺教授所介绍的爱丁堡大学。我选修的课程有英国文学、哲学、心理学、欧洲古代史和艺术史。令我至今怀念的导师有英国文学方面的谷里尔生教授，他是荡恩派"哲理诗"的宣扬者，对英国艾略特"近代诗派"和对理查兹派文学批评都起过显著的影响。哲学导师是侃普·斯密斯教授，研究康德哲学的权威，而教给我的却是怀疑派休谟的《自然宗教的对话》。列宁在《唯物主义和经验批判主义》里还赞许过他。美术史导师布朗老教授用幻灯来就具体艺术杰作说明艺术发展史，课程结束那一天早晨照例请全班学生们吃一餐早点。一九二九年在爱丁堡毕业后，我就转入伦敦大学的大学学院，听浅保斯教授讲莎士比亚，对他的繁琐考证和所谓"版本批评"我感到厌烦，于是把大部分功夫花在大英博物馆的阅览室里。伦敦和巴黎只隔一个海峡，所以我同时在巴黎大学注册，偶尔过海去听课，听到该校文学院长德拉库瓦教授讲《艺术心理学》，甚感兴趣，他的启发使我起念写《文艺心理学》。前此在爱丁堡大学时我在心理学研究班里宣读过一篇《悲剧的喜感》论文，颇受心理学导师竺来佛博士的嘉许，劝我以此为基础去进行较深入的研究，于是我起念要写一部《悲剧心理学》，作为博士论文。后来就离开了英国，转到莱茵河畔斯特拉斯堡大学。一则因为那是德国大诗人歌德的母校，地方比较僻静，生活较便宜；二则那地方法语和德语通用，可趁机学习对我的专科极为重要的德语。我的论文《悲剧心理学》是在该校心理学教授夏尔·布朗达尔指导之下写成和通过的。

在英法留学八年之中，听课、预备考试只是我的一小部分的工作，大部分的时间都花在大英博物馆和学校的图书馆里，一边阅读，一边写作。原因是我一直在闹穷，官费经常不发，不得不靠写作来挣稿费吃饭。同时，我也发现边阅读、边写作是一个很好的学习方法。这样学习比较容易消化，容易深入些。我的大部分解放前的主要著作都是在学生时代写出的。一到英国，我就替开明书店的刊物《一般》和后来的《中学生》写稿，曾搜辑成《给青年的十二封信》出版。这部处女作现在看来不免有些幼稚可笑，但当时却成了一种最畅销的书，原因在我反映了当时一般青年小知识分子的心理状况。我和广大青年建立了友好关系，就从这本小册子开始。此后我写出文章不愁找不到出版处。接着我就写出了《文艺心理学》和它的缩写本《谈美》；一直是我心中主题的《诗论》，也写出初稿；并译出了我的美学思想的最初来源——克罗齐的《美学原理》。此外，我还写了一部《变态心理学派别》（开明书店）和一部

《变态心理学》(商务印书馆)，总结了我对变态心理学的认识。在罗素的影响之下，我还写过一部叙述符号逻辑派别的书(稿交商务印书馆，抗日战争中遭火焚掉)。这些科目在现代美学中都还在产生影响。

回国前，由旧中央研究院历史所我的一位高师同班友好徐中舒把我介绍给北京大学文学院长胡适，并且把我的《诗论》初稿交给胡适作为资历的证件。于是胡适就聘我任北大西语系教授。我除在北大西语系讲授西方名著选读和文学批评史之外，还拿《文艺心理学》和《诗论》在北大中文系和由朱自清任主任的清华大学中文系研究班开过课。后来我的留法老友徐悲鸿又约我到中央艺术学院讲了一年《文艺心理学》。

当时正逢"京派"和"海派"对垒。京派大半是文艺界旧知识分子，海派主要指左联。我由胡适约到北大，自然就成了京派人物，京派在"新月"时期最盛，自从诗人徐志摩死于飞机失事之后，就日渐衰落。胡适和扬振声等人想使京派再振作一下，就组织一个八人编委会，筹办一种《文学杂志》。编委会之中有杨振声、沈从文、周作人、俞平伯、朱自清、林徽因等人和我。他们看到我初出茅庐，不大为人所注目或容易成为靶子，就推我当主编。由胡适和王云五接洽，把新诞生的《文学杂志》交商务印书馆出版。在第一期我写了一篇发刊词，大意说在诞生中的中国新文化要走的路宜于广阔些，丰富多彩些，不宜过早地窄狭化到只准走一条路。这是我的文艺独立自由的老调。《文学杂志》尽管是京派刊物，发表的稿件并不限于京派，有不同程度左派色彩的作家们如朱自清、闻一多、冯至、李广田、何其芳、卞之琳等人，也经常出现在《文学杂志》上。杂志一出世，就成为最畅销的一种文艺刊物。尽管它只出了两期就因抗日战争爆发而停刊，至今文艺界还有不少的人记得它(不过抗战胜利后复刊，出了几期就日渐衰落了)。

抗日战争爆发后，我就应新任代理四川大学校长的张颐之约，到川大去当文学院长。刚满一年，国民党二陈派就要撤换张颐而任用他们自己的"四大金刚"之一程天放。我立即挥动"教育自由"的旗帜，掀起轰动一时的"易长风潮"。在这场斗争中我得到了中国共产党的支持，沙汀和周文对我很关心，把消息传到延安，周扬立即通过他们两人交给我一封信，约我去延安参观，我也立即回信给周扬同志说我要去。但是当时我根本没有革命的意志，国民党通过我的一些留欧好友力加劝阻，又通过现代评论派王星拱和陈西滢几位旧友把我拉到武汉大学外文系去任教授。这对我是一次惨痛的教训。意志不坚定，不但谈不上革命，就连争学术自由或文艺自由，也还是空话。到了一九四二年，由于校内有湘皖两派之争，我是皖人而和湘派较友好，王星拱就拉我当教务长来调和内讧。国民党有个老规矩，学校"长字号"人物都必须参加国民党，因此我就由反对国民党转而靠拢了国民党，成了蒋介石的"御用文人"，曾为国民党的《中央周刊》写了两年稿子，后来集成两本册子，一是《谈文学》，一是《谈修养》。

一九四九年冬，我拒绝乘蒋介石派到北京的飞机去台湾，仍留在北大。在建国初思想改造阶段，我是重点对象。我受到很多教育，特别是在参加了文联和全国政协之后，经常得到机会到全国各地参观访问，拿新中国和旧中国对比，我心悦诚服地认识到社会主义是中国所能走的唯一道路。这就决定了我对一九五七年到一九六二年的全国性的美学问题讨论的态度。

我在四川时期，以重庆为抗战中基地的全国文联曾选举我为理事。解放后不久我在北京恢复了文联理事的身份。在美学讨论开始前，胡乔木、邓拓、周扬和邵荃麟等同志就已分别向我打过招呼，说这次美学讨论是为澄清思想，不是要整人。我积极地投入了这场论争，不隐瞒或回避我过去的美学观点，也不轻易地接纳我认为并不正确的批判。这次美学大辩论是新中国文艺界的一件大事，就全国来说，它大大提高了文艺工作者和一般青年研究美学的兴趣和热情；就我个人来说，它帮助我认识自己过去宣扬的美学观点大半是片面唯心的。从此我开始认真钻研辩证唯物主义和历史唯物主义。为此，我在年近六十时，还抽暇把俄文学到能勉强阅读和翻译的程度。我曾精选几本马克思主义经典著作来摸索，译文看不懂的就对照四种文字的版本去琢磨原文的准确含义，对中译文的错误或欠妥处作了笔记。同时我也逐渐看到美学在我国的落后状况，参加美学论争的人往往并没有弄通马克思主义，至于资料的贫乏，对哲学史、心理学、人类学和社会学之类与美学密切相关的科学，有时甚至缺乏常识，尤其令人惊讶。因此我立志要多做一些翻译重要资料的工作。原已译过克罗齐的《美学原理》，解放后又陆续译出柏拉图的《文艺对话集》，莱辛的《拉奥孔》，爱克曼辑的《歌德谈话录》以及黑格尔的《美学》三卷。此外还有些译稿或在"文艺理论译丛"中发表过，或已在"四人帮"时代丧失了。

美学讨论从一九五七年进行到一九六二年，全部发表过的文章搜集成六册《美学问题讨论集》；我自己发表的文章还另搜集成一个选本，都由作家出版社出版。大约在一九六二年夏天，党中央一些领导同志在高级党校召集过一次会议，胡乔木同志就这次美学讨论作了总结性的发言，肯定了成绩，也指出了今后努力方向。会议还决定派我在高级党校讲了三个月的美学史。前此北大哲学系已成立了美学组，把我从西语系调到哲学系，替美学组训练一批美学教师，我讲的也是西方美学史。一九六二年召开的文科教材会议，决定大专院校文科逐步开设美学课，并指定我编一部《西方美学史》。于是我就在前此讲过的粗略讲义和资料译稿的基础上编出两卷《西方美学史》，一九六三年由人民文学出版社印行。"四人帮"把这部美学史打入冷宫十余年，直到一九七九年再版。在再版时，我曾把序论和结论部分作了一些修改。这就是解放后我在美学方面的主要著作，缺点仍甚多，特别是我当时思想还未解放，不敢评介我过去颇下过一些功夫的尼采和叔本华以及弗洛伊德派变态心理学，因为这几位在近代发生巨大影响的思想家在我国都戴过"反动"的帽子。"前修未密，后起转精"，这些遗漏只有待后起者来填补了。

最近几年我参加了关于形象思维的辩论，还应上海文艺出版社之约，写了一本《谈美书简》通俗小册子。不过我的中心工作还是对马克思主义经典著作的摸索。我重新试译了《费尔巴哈论纲》和《经济学—哲学手稿》中一些关键性的章节，并作了注释和评介，想借此澄清一下"异化"、实践观点、人性论和人道主义、美和美感、唯心与唯物的分别和关系等这些全世界学术界都在关心和热烈争论的问题。这些八十岁以后的译文、札记和论文都搜集在百花文艺出版社出版的《美学拾穗集》里。

今年我已开始抽暇试译维柯的《新科学》。这部著作讨论的是人类怎样从野蛮动物逐渐演变成为文明社会的人，涉及神话和宗教、家族和社会、阶级斗争观点、历史发展观点、美学与语言学的一致性以及形象思维先于抽象思维之类重要问题。全书约四十万字，希望明年内可以译完。再下一步就走着看了。需要做的工作总是做不完的。

1980 年 9 月

（选自《朱光潜美学文集》第一卷，
上海文艺出版社 1982 年 2 月出版）

我与文学

我生平有一种坏脾气,每到市场去闲逛,见一样就想买一样。无论是怎样无用的破铜破铁,只要我一时高兴它,就保留不住腰包里最后的一文钱。我做学问也是如此。今天丢开雪莱,去看守薰烟鼓测量反应动作,明天又丢开柏拉图,去在古罗马地道阴森曲折的坟窟中溯"哥特式"大教寺的起源。我已经整整地做过三十年的学生,这三十年的光阴都是这样东打一拳西踢一脚地过去了。

在现代社会制度和学问状况之下,百科全书式的学者已经没有存在的可能,一个人总得在许多同样有趣的路径之中选择一条出来走。这已经成为学术界中不成文的宪法,所以读书人初见面,都有一番寒暄套语,"您学哪一科?""文科。""哪一门?""文学。"假如发问者也是学文学的,于是"哪一国文学?哪一方面?哪一时代?哪一个作者?"等问题就接着逼来了。我也屡次被人这样一层紧逼一层地盘问过,虽然也照例回答,心中总不免有几分羞意,我何尝专门研究文学,何况是哪一方面和哪一时代的文学呢?

在许多歧途中,我也碰上文学这条路,说来也颇堪一笑。我立志研究文学,完全由于字义的误解。我在幼时所接触的小知识阶级中,"研究文学"四个字只有两种流行的涵义:做过几首诗,发表几篇文章,甚至翻译过几篇伊索寓言或是安徒生童话,就算"研究文学"。其次随便哼哼诗念念文章,或是看看小说,也是"研究文学"。我幼时也欢喜哼哼诗,念念文章,自以为比做诗发表文章者固不敢望尘,若云哼诗念文即研究文学,则我亦何敢多让?这是我走上文学路的一个大原因。

谁知道区区字义的误解就误了我半世的光阴!到欧洲后见到西方"研究文学"者所做的工作以及他们所有的准备,才懂庄子海若望洋而叹的比喻,才知道"研究文学"这个玩艺儿并不像我原来所想象的那样简单,尤其不像我原来所想象的那样有趣。文学并不是一条直路通天边,由你埋头一直向前走,就可以走到极境的。"研究文学"也要绕许多弯路,也要做许多干燥辛苦的工作。学了英文还要学法文,学了法文还要学德文、希腊文、意大利文、印度文等等;时代的背景常把你拉到历史哲学和宗教的范围里去;文艺原理又逼你去问津图画、音乐、美学、心理学等等学问。这一场官司简直没有方法打得清!学科学的朋友们往往羡慕学文学者天天可以消闲自在地哼诗看小说是幸福,不像他们自己天天要埋头记干燥的公式,搜罗干燥的事实。其实我心里有苦说不出,早知道"研究文学"原来要这样东奔西窜,悔不如学得一件手艺,备将来自食其力。我现在还时时存着学做小儿玩具或编藤器的念头。学会做小儿玩具或编藤器,我还是可以照旧哼诗念文章,但是遇到一般人对于"研究文学"者"专门哪一方面?"式的问题就可以名正言顺地置之不理了。那是多么痛快的一大解脱!

我这番话并不是要唐突许多在外国大学中预备博士论文者,只是向国内一般青年自道甘苦。青年们免不掉像我一样有一个嗜好文艺的时期,在现代中国学风之中,也恐怕免不掉像我一样以哼诗念文章为

"研究文学"。倘若他们再像我一样因误解字义而走上错路，自然也难免有一日要懊悔。文艺像历史哲学两种学问一样，有如金字塔，要铺下一个很宽广笨重的基础，才可以逐渐砌成一个尖顶出来。如果入手就想造成一个尖顶，结果只有倒塌。中国学者对于西方文艺思想和政教已有半世纪的接触了，而仍然是隔膜，不能不归咎于只想望尖顶而不肯顾到基础。在文艺、哲学、历史三种学问中，"专门"和"研究工作"种种好听的名词，在今日中国实在都还谈不到。

这番话只是一个已经失败者对于将来想成功者的警告。如果不死心踏地做基础工作，哼哼诗念念文章可以，随便做做诗发表几篇文章也可以，只是不要去"研究文学"。像我费过二三十年工夫的人还要走回头来学编藤器做小儿玩具，你说冤枉不冤枉！

（选自《孟实文钞》上海良友图书印刷公司 1936 年 4 月出版）

致周扬

周扬先生：

你的十二月二十九日的信到本月十五日才由成都转到这里。假如它早到一个月，此刻我也许不在嘉定而到了延安和你们在一块了。

教部于去年十二月中发表程天放做川大校长，我素来不高兴和政客们在一起，尤其厌恶与程氏那个小组织的政客在一起。他到了学校，我就离开了成都。

本来我早就有意思丢开学校行政职务，一则因为那种事太无聊，终日开会签杂货单吃应酬饭，什么事也做不出；二则因为我这一两年来思想经过很大的改革，觉得社会和我个人都须经过一番彻底的改革。延安回来的朋友我见过几位，关于叙述延安事业的书籍也见过几种，觉得那里还有一线生机。从去年秋天起，我就起了到延安的念头，所以写信给之琳、其芳说明这个意思。我预料十一月底可以得到回信，不料等一天又是一天，渺无音息。我以为之琳和其芳也许觉得我去那里无用，所以离开川大后又应武大之约到嘉定教书。

你的信到了，你可想象到我的兴奋，但是也可想到我的懊丧。既然答应朋友们在这里帮忙，半途自然不好丢着走。同时，你知道我已是年过四十的人，暮气，已往那一套教育和习惯经验，以及家庭和朋友的关系都像一层又一层的重累压到肩上来，压得叫人不得容易翻身。你如果也已经过了中年，一定会了解我这种苦闷。我的朋友中间有这种苦闷而要挣扎翻身的人还不少，这是目前智识阶级中一个颇严重的问题。

　　无论如何，我总要找一个机会到延安来看看，希望今年暑假中可以成行，行前当再奉闻。

　　谢谢你招邀的厚意。我对于你们的工作十分同情，你大概能明瞭。将来有晤见的机会，再详谈一切。匆此，顺颂
时礼

弟　朱光潜
(1939年)1月20日
(载1982年11月29日《人民日报》)

致方东美

东美吾兄：

　　济吾来，以尊诗见示，捧读再四，欣喜欲狂。弟自入蜀以来，人事多扰，所学几尽废，而每日必读诗，惟不敢轻尝试，以自揣力不能追古人也。尝以诗词为中土文艺之精髓，近日士子方竞鹜于支离破碎之学，此道或送终绝命，今读大作，兼清刚鲜妍之美，大雅不作，或幸竟为杞忧矣。五四时代，倡新文学运动者，对旧诗颇肆抨击。年来弟稍致力西诗，对时下诸公颇有"轻薄为文哂未休"之感。惟亦觉文艺随时变迁，中西史实所示至彰明较著。泥古不化，亦不免是钻牛角，终无出路。晚近诗人与词人，多自囿于南宋之窠臼，其深微婉约者，在辞藻而不在意境。谢太傅评王坦云："安北见之乃不使人厌，然出户去不复令人思。"读近人诗词，尝不免使人有此种感想。严沧浪以宋人较唐人，谓不同者在气象。此实公论，即言北宋词晏氏父子与欧公，仍自是一番气象。自梦窗、沂孙诸公出，而风气日浸于僻窄矣。弟于诗词，喜其造意深微而造语浅显者，此或为偏见，亦或由于浅学。兄于此道，造诣甚深，甚望有以启导之。暇时如有兴致，乞书尊诗数首于一小条幅，俾悬之座右，可以当晤对。此时佳纸难得，即用蜀纸可也。前托卢代曾君代寄《文史》第二期拙作评冯芝生《新理学》一文，求正于兄及白华，已收到否？今夏轮船可直航嘉定，能来峨眉一游否？如不在新生考试时，弟可作东道与导游也。专此。敬颂

时祺

弟　潜拜启
(1941年)5月12日
(载《高等教育季刊》1卷1期，1941年6月)

从我怎样学国文说起

我学国文,走过许多纡回的路,受过极旧的和极新的影响。如果用自然科学家解剖形态和穷究发展的方法将这过程作一番检讨,倒是一件很有趣的事情。

我在十五岁左右才进小学,以前所受的都是私塾教育。从六岁起读书,一直到进小学,我没有从过师,我的唯一的老师就是我的父亲。我的祖父做得很好的八股文,父亲处在八股文和经义策论交替的时代。他们读什么书,也就希望我读什么书。应付科举的一套家当委实可怜,四书、五经、纲鉴、《唐宋八大家文选》、《古唐诗选》之外就几乎全是闱墨制义。五经之中,我幼时全读的是《书经》、《左传》。《诗经》我没有正式地读,家塾里有人常在读,我听了多遍,就能成诵大半。于今我记得最熟的经书,除《论语》外,就是听会的一套《诗经》。我因此想到韵文入人之深,同时,读书用目有时不如用耳。私塾的读书程序是先背诵后讲解。在"开讲"时,我能了解的很少,可是熟读成诵,一句一句地在舌头上滚将下去,还拉一点腔调,在儿童时却是一件乐事。这早年读经的教育我也曾跟着旁人咒骂过，平心而论，其中也不完全无道理。我现在所记得的书大半还是儿时背诵过的，当时虽不甚了了，现在回忆起来，不断地有新领悟，其中意味确是深长。

父亲有些受过学校教育的朋友，教我的方法多少受了新潮流的影响。我"动笔"时，他没有教我做破题起讲，只教我做日记。他先告诉我日间某事可记，并且指出怎样记法，记好了，他随看随改，随时讲给我听。有一次我还记得很清楚，宅旁发现一个古墓，掘出两个瓦瓶，父亲和伯父断定它们是汉朝的古物（他们的考古知识我无从保证），把它们洗干净，供在香炉前的条几上，两人磋商了一整天，做了一篇"古文"的记，用红纸楷书恭写，贴在瓶子上面。伯父提议让我也写一篇，父亲说："他！还早呢。"言下大有鄙夷之意。我当时对于文字起了一种神秘意识，仿佛此事非同小可，同时也渴望有一天能够得上记古瓶。

日记能记到一两百字时，父亲就开始教我做策论经义。当时科举已废除，他还传给我这一套应付科举的把戏，无非是"率由旧章"，以为读书人原就应该弄这一套。现在的读者恐怕对这些名目已很茫然，似有略加解释的必要。所谓"经义"是在经书中挑一两句做题目，就抱着那题目发挥成一篇文章，例如题目是"知耻近乎勇"，你就说明知耻何以近乎勇，"耻"与"勇"须得一番解释，"近乎"两个字更大有文章可做。所谓"策"是在时事中挑一个问题，让你出一个主意，例如题目是"肃清匪患"，你就条陈几个办法，并且详述利弊，显出你有经邦济世的本领。所谓"论"就是议论是非长短，或是评衡人物，刘邦和项羽究竟哪一个高明，或是判断史事，孙权究竟该不该笼络曹操。做这几类文章，你都要说理，所说的尽管是歪理，只要能自圆其说，歪也无妨。翻案文章往往见得独出心裁。这类文章有它们的传统作法。开头要一个帽子，从广泛的大道理说起，逐渐引到本题，发挥一段意思，于是转到一个"或者曰"式的相反的议论，把它驳倒，然后作一个结束。这就是所谓"起承转合"。这类文章没有什么文学价值，人人都知道。但是当作一种写作训练看，它也不是完全无用。在它的窄狭范围内，如果路走得不错，它可以启发思想，它的形式尽管是呆板，它究竟有一个形式。我从十岁左右起到二十岁左右止，前后至少有十年的光阴都费在这种议论文上面。这训练造成我的思想的定型，注定我的写作的命运。我写说理文很容易，有理我都可以说得出，很难说的理我能用很浅的话说出来。这不能不归功于幼年的训练。但是就全盘计算，我自知得不偿失。在应该发展想象的年龄，我的空洞的脑袋被歪曲到抽象的思想工作方面去，结果我的想象力变成极平凡，我把握不住一个有血有肉有光有热的世界，在旁人脑里成为活跃的戏景画境的，在我脑里都化为干枯冷酷的理。我写不出一篇过得去的描写文，就吃亏在这一点。

我自幼就很喜欢读书。家中可读的书很少，而且父亲向来不准我乱翻他的书箱。每逢他不在家，我就偷尝他的禁果。我翻出储同人评选的《史记》、《战国策》、《国语》、西汉文之类，随便看了几篇，就觉得其中趣味无穷。本来我在读《左传》，可是当作正经功课读的《左传》文章虽好，却远不如自己偷着看的《史记》、《战国策》那么引人入胜。像《项羽本纪》那种长文章，我很早就熟读成诵。王应麟的《困学纪闻》也有些地方使我很高兴。父亲没有教我读八股文，可是家里的书大半是八股文，单是祖父手抄的就有好几箱，到无书可读时，连这角落里我也钻了进去。坦白地说，我颇觉得八股文也有它的趣味。它的布置很匀称完整，首尾条理线索很分明，在窄狭范围与固定形式之中，翻来覆去，往往见出作者的匠心。我于今还记得一篇《止子路宿》，写得真惟妙惟肖，入情入理。八股文之外，我还看了一些七杂八拉的东西，试帖诗、《楹联丛话》、《广治平略》、《事类统论》、《历代名臣言行录》、《粤匪纪略》，以至于《验方新编》、《麻衣相法》、《太上感应篇》和牙牌起数用的词。家住在穷乡僻壤，买书甚难。距家二三十里地有一个牛王集，每年清明前后附近几县农人都到此买卖牛马。各种商人都来兜生意，省城书贾也来卖书籍文具。我有一个族兄每年都要到牛王集买一批书回来，他的回来对于我是一个盛典。我羡慕他有去牛王集的自由，尤其是有买书的自由。书买回来了，他很慷慨地借给我看。由于他的慷慨，我读到《饮冰室文集》。这部书对于我启示一个新天地，我开始向往"新学"，我开始为《意大利三杰传》的情绪所感动。作者那一种酣畅淋漓的文章对于那时的青年人真有极大的魔力，此后有好多年我是梁任公先生的热烈的崇拜者。有一次报纸误传他在上海被难，我这个素昧平生的小子在一个偏僻的乡村里为他伤心痛哭了一场。也就从饮冰室的启示，我开始对于小说戏剧发生兴趣。父亲向不准我看小说，家里除一套《三国演义》以外，也别无所有，但是《水浒传》、《红楼梦》、《琵琶记》、《西厢记》几种我终于在族兄处借来偷看过。因为读这些书，我开始注意金圣叹，"才子"、"情种"之类观念开始在我脑里盘旋。总之，我幼时头脑所装下的书好比一个灰封尘积的荒货摊，大部分是废铜烂铁，中间也夹杂有几件较名贵的古董。由于这早年的习惯，我至今读书不能专心守一个范围，总爱东奔西窜，许多不同的东西令我同样感觉兴趣。

我在小学里只住了一学期就跳进中学。中学教育对于我较深的影响是"古文"训练。说来也很奇怪，我是桐城人，祖父和古文家吴挚甫先生有交谊，他所禀保的学生陈剑潭先生做古文也曾享一时盛名，可是我家里从没有染着一丝毫的古文派风气。科举囿人，于此可见一斑。进了中学，我才知道有桐城派古文这么一回事。那时候我的文字已粗清通，年纪在同班中算是很小，特别受国文教员们赏识。学校里做文章的风气确是很盛，考历史、地理可以做文章，考物理、化学也还可以做文章，所以我到处占便宜。教员们希望这小子可以接古文一线之传，鼓励我做，我越做也就越起劲。读品大半选自《古文辞类纂》和《经史百家杂钞》。各种体裁我大半都试作过。那时候我的摹仿性很强，学欧阳修、归有光有时居然学得很像。学古文别无奥诀，只要熟读范作多篇，头脑里甚至筋肉里都浸润下那一套架子，那一套腔调，和那一套用字造句的姿态，等你下笔一摇，那些"骨力"、"神韵"就自然而然地来了，你就变成一个扶乩手，不由自主地动作起来。桐城派古文曾博得"谬种"的称呼。依我所知，这派文章大道理固然没有，大毛病也不见得很多。它的要求是谨严典雅，它忌讳浮词堆砌，它讲究声音节奏，它着重立言得体。古今中外的上品文章似乎都离不掉这几个条件。它的唯一毛病就是文言文，内容有时不免空洞，以至谨严到干枯，典雅到俗滥。这些都是流弊，作始者并不主张如此。

兴趣既偏向国文，在中学毕业后我就决定升大学入国文系。我很想进北京大学，因为路程远，花费多，家贫无力供给，只好就近进了武昌高等师范学校。在武昌待了一年光景，使我至今还留恋的只有洪山的红菜薹，蛇山的梅花和江边几条大街上的旧书肆。至于学校却使我大失所望，里面国文教员还远不如在中学教我的那些老师。那位以地理名家的系主任以冬烘学究而兼有海派学者的习气，走的全是左道旁门，一面在灵学会里扶乩请仙，一面在讲台上提倡孔教，讲书一味穿凿附会，黑水变成黑海，流沙便是非洲沙漠。另外有一位教员讲《孟子》，在每章中都发见一个文章义法，章章不同，这章是"开门见山"，那章是"一针见血"，另一章又是"拨茧抽丝"。一团乌烟瘴气，弄得人啼笑皆非。我从此觉得一个人嫌恶文学上的低级趣味可以比嫌恶仇敌还更深入骨髓。我在武昌却并非毫无所得，我开始发见世间有那么多的书。其次，学校里有文字学一门功课，我规规矩矩地把段玉裁的《许氏说文解字注》从头看到尾，约略窥见清朝小学家们治学的方法。

塞翁失马，因祸可以得福。我到武昌是失着，但是我因此得到被遣送到香港大学的机会。这是我生平一个大转机。假若没有得到那个机会，说不定我现在还是冬烘学究。从那时到现在，二十余年之中，我虽没有完全丢开线装书,大部分工夫却花来学外国文,读外国书。这对于我学中国文,读中国书的影响很大,待下文再说,现在先说一个同样重要的事件,那就是"新文化运动"。大家都知道,这运动是对于传统的文化、伦理、政治、文学各方面的全面攻击。它的鼎盛期正当我在香港读书的年代。那时我是处在怎样一个局面呢?我是旧式教育培养起来的,脑里被旧式教育所灌输的那些固定观念全是新文化运动的攻击目标。好比一个商人,库里藏着多年辛苦积蓄起来的一大堆钞票,方自以为富足,一夜睡过来,满市人都喧传那些钞票全不能兑现,一文不值。你想我心服不心服?尤其是文言文要改成白话文一点于我更有切肤之痛。当时许多遗老遗少都和我处在同样的境遇。他们咒骂过,我也跟着咒骂过。《新青年》发表的吴敬斋的那封信虽不是我写的(天知道那是谁写的,我祝福他的在天之灵!),却大致能表现当时我的感想和情绪。但是我那时正开始研究西方学问。一点浅薄的科学训练使我看出新文化运动是必需的,经过一番剧烈的内心冲突,我终于受了它的洗礼。我放弃了古文,开始做白话文,最初好比放小脚,裹布虽扯开,走起路来终有些不自在;后来小脚逐渐变成天足,用小脚曾走过路,改用天足特别显得轻快,发现从前小脚走路的训练工夫,也并不算完全白费。

  文言白话之争到于今似乎还没有终结,我做过十五年左右的文言文,二十年左右的白话文,就个人经验来说,究竟哪一种比较好呢?把成见撇开,我可以说,文言和白话的分别并不如一般人所想象的那样大。第一就写作的难易说,文章要做得好都很难,白话也并不比文言容易。第二,就流弊说,文言固然可以空洞俗滥板滞,白话也并非天生地可以免除这些毛病。第三,就表现力说,白话与文言各有所长,如果要写得简炼,有含蓄,富于伸缩性,宜于用文言;如果要写得生动,直率,切合于现实生活,宜于用白话。这只是大体说,重要的关键在作者的技巧,两种不同的工具在有能力的作者的手里都可运用自如。我并没有发见某种思想和感情只有文言可表现,或者只有白话可表现。第四,就写作技巧说,好文章的条件都是一样,第一是要有话说,第二要把话说得好。思想条理必须清楚,情致必须真切,境界必须新鲜,文字必须表现得恰到好处,谨严而生动,简朴不至枯涩,高华不至浮杂。文言文要好须如此,白话文要好也还须如此。话虽如此说,我大体上比较爱写白话。原因很简单,语文的重要功用是传达,传达是作者与读者中间的交际,必须作者说得痛快,读者听得痛快,传达才能收到最大的效果。为作者着想,文言和白话的分别固不大;为读者着想,白话确远比文言方便。不过这里我要补充一句:白话的定义很难下,如果它指大多数人日常所用的语言,它的字和辞都太贫乏,决不够用。较好的白话文都不免要在文言里面借字借词,与日常流行的话语究竟有别。这就是说,白话没有和文言严密分家的可能。本来语文都有历史的赓续性,字与词有部分的新陈代谢,决无全部的死亡。提倡白话文的人们欢喜说文言是死的,白话是活的。我以为这话语病很大,它使一般青年读者们误信只要会说话就会做文章,对于文字可以不研究,对于旧书可以一概不读,这是为白话文作茧自缚。白话文必须继承文言的遗产,才可以丰富,才可以着土生根。

因为有这个信念,我写白话文,不忌讳在文言中借字借词。我觉得文言文的训练对于写白话文还大有帮助。但是我极力避免用文言文的造句法,和文言文所习用的虚字如"之乎者也"之类。因为文言文有文言文的空气,白话文有白话文的空气,除借字借词之外,文白杂糅很难得谐和。俞平伯诸人的玩艺只可聊备一格,不可以为训。

我对于白话文,除着接收文言文的遗产一个信念以外,还另有一个信念,就是它需要适宜程度的欧化。我从略通外国文学,就时时考虑怎样采取外国文学风格和文字组织的优点,来替中国文创造一种新风格和新组织。我写白话文,除得力于文言文的底子以外,从外国文字训练中也得了很不少的教训。头一点我要求合逻辑。一番话在未说以前，我必须把思想先弄清楚，自己先明白，才能让读者明白，糊里糊涂地混过去，表面堂皇铿锵，骨子里不知所云或是暗藏矛盾，这个毛病极易犯，我总是小心提防着它。我不敢说中国文天生有这毛病，不过许多中国文人常犯这毛病却是事实。我知道提防它，是得力于外国文字的训练。我爱好法国人所推崇的明晰。第二点我要求合文法。文法本由习惯造成，各国语文都有它的习惯，就有它的文法。不过我们中国人对于文法向来不大研究，行文还求文从字顺，说话就不免随便。中国文法组织有两个显著的缺点。第一是缺乏逻辑性，一句话可以无主词，"虽然"但"是"可以连着用。其次缺乏弹性，单句易写，混合句与复合句不易写，西文中含有"关系代名词"的长句无法译成中文，可以为证。我写白话文，常尽量采用西文的文法和语句组织，虽然同时我也顾到中国文字的特性，不要文章露出生吞活剥的痕迹。第二点在造句布局上我很注意声音节奏。我要文字响亮而顺口，流畅而不单调。古文本来就很讲究这一点，不过古文的腔调必须哼才能见出，白话文的腔调哼不出来，必须念出来，所以古文的声音节奏很难应用在白话文里。近代西方文章大半是用白话，所以它的声音节奏的技巧和道理很可以为我们借鉴。这中间奥妙甚多，粗略地说，字的平仄单复，句的长短骈散，以及它们的错综配合都须得推敲。这事很难，成就距离理想总是很远。

我主张中文要有"适宜程度的"欧化，这就是说，欧化须有它的限度，它不应和本国的文字的特性相差太远。有两种过度的欧化我颇不赞成。第一种是生吞活剥地模仿西文语言组织。这风气倡自鲁迅先生的直译主义。"我遇见他在街上走"变成"我遇见他走在街上"，"园里有一棵树"变成"那里有一棵树在园里"，如此等类的歪曲我以为不必要。第二种是堆砌形容词和形容子句，把一句话拖得冗长臃肿。这在西文里本不是优点，许多作者偏想在这上面卖弄风姿，要显出华丽丰富，他们不知道中文句字负不起那样重载。为了这个问题,我和一位朋友吵过几回嘴。我不反对文字的华丽,但是我不欢喜村妇施朱敷粉,以多为贵。

这牵涉到风格问题,"风格就是人格"。每个作者有他的特性,就有他的特殊风格。所以严格地说,风格不是可模仿的或普遍化的,每个作者如果在文学上能有特殊的成就,他必须成就一种他所独有的风格。但是话虽如此说,他在成就独有的风格的过程中,不能不受外来的影响。他所用的语言是大家所公用的,他所承受的精神遗产来源很久远,他与他的环境的接触影响到他的生活,就能影响到他的文章。他的风格的形成有他的特异点,也有他与许多人的共同点。如果把这共同点叫做类型,我们可以说,一时代的文学有它的类型的风格,一民族的文学也有它的类型的风格。这类型的风格对于个别作家的风格是一个基础。文学需要"学",原因就在此。像其它人类活动一样,文艺离不开模仿,不模仿而能创造,那是无中生有,不可想象。许多作家的厄运在不学而求创造,也有许多作家的厄运在安心模仿而不求创造。安于模仿,类型的风格于是成为呆板形式,而模仿者只是拿这呆板形式来装腔作势,装腔作势与真正文艺毫无缘分。从历史看,一个类型的风格到了相当时期以后,常易变成呆板形式供人装腔作势,要想它重新具有生命,必须有很大的新的力量来振撼它,滋润它。这新的力量可以从过去另一时代来,如唐朝作家撇开六朝回到两汉,十九世纪欧洲浪漫派撇开假古典时代回到中世纪;也可从另一民族来,如六朝时代接受佛典,英国莎士比亚时代接受意大利的文艺复兴。从整个的中国文学史看,中国文学的类型的风格到了唐宋以后不断地在走下坡路,我们早已到了"文敝"的阶段,个别作家如果株守故辙,虽有大力也无能为力。西方文化的东流,是中国文学复苏的一个好机会。我们这一个时代的人所负的责任真重大,我们不应该错过这机会。我以为中国文的欧化将来必须逐渐扩大，由语句组织扩大到风格。这事很不容易，有文学天才的人不一定有时间与精力研究西方文学，有时间精力研究西方文学的人也不一定有文学天才。假如我有许多年青作家的资禀，再加上丰富的生活经验，也许多少可以实现我的愿望。无如天注定了我资禀平凡，注定了我早年受做时文的教育，又注定了我奔波劳碌，不得一刻闲，一切愿望于是成为苦恼。

文学是人格的流露。一个文人先须是一个人，须有学问和经验所逐渐铸就的丰富的精神生活。有了这个基础，他让所见所闻所感所触藉文字很本色地流露出来，不装腔，不作势，水到渠成，他就成就了他的独到的风格，世间也只有这种文字才算是上品文字。除着这个基点以外，如果还另有什么资禀使文人成为文人的话，依我想，那就只有两种敏感。一种是对于人生世相的敏感。事事物物的哀乐可以变成自己的哀乐，事事物物的奥妙可以变成自己的奥妙。"一花一世界，一草一精神。有"了这种境界，自然也就有同情，就有想象，就有澈悟。其次是对于语言文字的敏感。语言文字是流通到光滑污滥的货币，可是每个字在每一个地位有它的特殊价值，丝毫增损不得，丝毫搬动不得。许多人在这上面苟且敷衍，得过且过；对于语言文字有敏感的人便觉得这是一种罪过，发生嫌憎。只有这种人才能有所谓"艺术上的良心"，也只有这种人才能真正创造文学，欣赏文学。诗人济慈说：看"一个好句如一个爱人。在"恋爱中除着恋爱以外，一切都无足轻重；在文艺活动中，除着字句的恰当选择与安排以外，也一切都无足轻重。在那一刻中（无论是恋爱或是创作文艺），全世界就只有我所经心的那一点真实，其余都是虚幻。在这两种敏感之中，对于文人，最重要的是第二种。古今有许多哲人和神秘主义的宗教家不愿用文字泄露他们的敏感，像柏拉图所说的，他们宁愿在诗里过生活，不愿意写诗。世间也有许多匹夫匹妇在幸运的时会中偶然发见生死是一件沉痛的事，或是墙角一片阴影是一幅美妙的景象，可是他们无法用语言文字把心中的感触说出来，或是说得不是那么一回事。文人的本领不只在见得到，尤其在说得出。说得出，必须说得"恰到好处"，这需要对于语言文字的敏感。有这敏感，他才能找到恰好的字，给它一个恰好的安排。

人生世相的敏感和语言文字的敏感都大半是天生的，人力也可培养成几分。我在这两方面得之于天的异常稀薄，然而我对于人生世相有相当的了悟，运用语言文字也有相当的把握。虽然是自己达不到的境界，我有时也能欣赏，这大半是辛苦训练的结果。我从许多哲人和诗人方面借得一副眼睛看世界，有时能学屈原、杜甫的执着，有时能学庄周、列御寇的徜徉凌虚，莎士比亚教会我在悲痛中见出庄严，莫里哀教会我在乖讹丑陋中见出隽妙，陶潜和华兹华斯引我到自然的胜境，近代小说家引我到人心的曲径幽室。我能感伤也能冷静，能认真也能超脱。能应俗随时，也能潜藏非尘世的丘壑。文艺的珍贵的雨露浸润到我的灵魂至深处，我是一个再造过的人，创造主就是我自己。但是，天！我能再造自己，我不能把接收过来的世界再造成一世界。莪菲丽雅问哈姆雷特读什么，他回答说："字，字，字！"我一生都在"字"上做工夫，到现在还只能用"字"来做这世界里面的日常交易，再造另一世界所需要的"字"常是没到手就滑了去。圣约翰说："太初有字，字和上帝在一起，字就是上帝。我"能了解字的威权，可是我常慑服在它的威权之下。原来它是和上帝在一起的。

（选自《我与文学及其他》，开明书店 1943 年 10 月出版）

生　命

　　说起来已是二十年前事了。如今我还记得清楚，因为那是我生平中一个最深刻的印象。有一年夏天，我到苏格兰西北海滨一个叫做爱约夏的地方去游历，想趁便去拜访农民诗人彭斯的草庐。那一带地方风景仿佛像日本内海而更曲折多变化。海湾伸入群山间成为无数绿水映着青山的湖。湖和山都老是那样恬静幽闲而且带着荒凉景象，几里路中不容易碰见一个村落，处处都是山，谷，树林和草坪。走到一个湖滨，我突然看见人山人海，男的女的，老的少的，穿深蓝大红衣服的，褴褛蹒跚的，蠕蠕蠢动，闹得喧天震地：原来那是一个有名的浴场。那是星期天，人们在城市里做了六天的牛马，来此过一天快活日子。他们在炫耀他们的服装，他们的嗜好，他们的皮肉，他们的欢爱，他们的文雅与村俗。像湖水的波涛汹涌一样，他们都投在生命的狂澜里，尽情享一日的欢乐。就在这么一个场合中，一位看来像是皮鞋匠的牧师在附近草坪中竖起一个讲台向寻乐的人们布道。他也吸引了一大群人。他喧嚷，群众喧嚷，湖水也喧嚷，他的话无从听清楚，只有"天国""上帝""忏悔""罪孽"几个较熟的字眼偶尔可以分辨出来。那群众常是流动的,时而由湖水里爬上来看牧师,时而由牧师那里走下湖水。游泳的游泳,听道的听道,总之,都在凑热闹。

对着这场热闹,我伫立凝神一返省,心里突然起了一阵空虚寂寞的感觉,我思量到生命的问题。摆在我们面前的显然就是生命。我首先感到的是这生命太不调和。那么幽静的湖山当中有那么一大群嘈杂的人在嬉笑取乐,有如佛堂中的蚂蚁抢搬虫尸,已嫌不称;又加上两位牧师对着那些喝酒,抽烟,穿着游泳衣裸着胳膊大腿卖眼色的男男女女讲"天国"和"忏悔",这岂不是对于生命的一个强烈的讽刺?约翰授洗者在沙漠中高呼救世主来临的消息,他的声音算是投在虚空中了。那位苏格兰牧师有什么可比的约翰?他以布道为职业,于道未必有所知见,不过剽窃一些空洞的教门中语扔到头脑空洞的人们的耳里,岂不是空虚而又空虚?推而广之,这世间一切,何尝不都是如此?比如那些游泳的人们在尽情欢乐,虽是热烈,却也很盲目,大家不过是机械地受生命的动物的要求在鼓动驱遣,太阳下去了,各自回家,沙滩又恢复它的本来的清寂,有如歌残筵散。当时我感觉空虚寂寞者在此。

但是像那一大群人一样,我也欣喜赶了一场热闹,那一天算是没有虚度,于今回想,仍觉那回事很有趣。生命像在那沙滩所表现的,有图画家所谓阴阳向背,你跳进去扮演一个角色也好,站在旁边闲望也好,应该都可以叫你兴高采烈。在那一顷刻,生命在那些人们中动荡,他们领受了生命而心满意足了,谁有权去鄙视他们,甚至于怜悯他们?厌世疾俗者一半都是妄自尊大,我惭愧我有时未能免俗。

孔子看流水,发过一个最深永的感叹,他说:"逝者如斯夫,不舍昼夜!"生命本来就是流动,单就"逝"的一方面来看,不免令人想到毁灭与空虚;但是这并不是有去无来,而是去的若不去,来的就不能来;生生不息,才能念念常新。莎士比亚说生命"像一个白痴说的故事,满是声响和愤激,毫无意义",虽是慨乎言之,却不是一句见道之语。生命是一个说故事的人,虽老是抱着那么陈腐的"母题"转,而每一顷刻中的故事却是新鲜的,自有意义的。这一顷刻中有了新鲜有意义的故事,这一顷刻中我们心满意足了,这一顷刻的生命便不能算是空虚。生命原是一顷刻接着一顷刻地实现,好在它"不舍昼夜"。算起总账来,层层实数相加,决不会等于零。人们不抓住每一顷刻在实现中的人生,而去追究过去的原因与未来的究竟,那就犹如在相加各项数目的总和之外求这笔加法的得数。追究最初因与最后果,都要走到"无穷追溯"(reductio ad infintum)。这道理哲学家们本应知道,而爱追究最初因与最后果的偏偏是些哲学家们。这不只是不谦虚,而且是不通达。一件事物实现了,它的形相在那里,它的原因和目的也就在那里。种中有果,果中也有种,离开一棵植物无所谓种与果,离开种与果也无所谓一棵植物(像我的朋友废名先生在他的《阿赖耶识论》里所说明的)。比如说一幅画,有什么原因和目的!它现出一个新鲜完美的形相,这岂不就是它的生命,它的原因,它的目的?

且再拿这幅画来比譬生命。我们过去生活正如画一幅画,当前我们所要经心的不是这幅画画成之后会有怎样一个命运,归于永恒或是归于毁灭,而是如何把它画成一幅画,有画所应有的形相与生命。不求诸抓得住的现在而求诸渺茫不可知的未来,这正如佛经所说的身怀珠玉而向他人行乞。但是事实上许多人都在未来的永恒或毁灭上打计算。波斯大帝带着百万大军西征希腊,过海勒斯朋海峡时,他站在将台看他的大军由船桥上源源不绝地渡过海峡,他忽然流涕向他的叔父说:我"想到人生的短促,看这样多的大军,百年之后,没有一个人还能活着,心里突然起了阵哀悯。他"的叔父回答说:"但是人生中还有更可哀的事咧,我们在世的时间虽短促,世间没有一个人,无论在这大军之内或在这大军之外,能够那样幸运,在一生中不有好几次不愿生而宁愿死。这"两人的话都各有至理,至少是能反映大多数人对于生命的观感。嫌人生短促,于是设种种方法求永恒。秦皇汉武信方士,求神仙,以及后世道家炼丹养气,都是妄想所谓"长生"。"服食求神仙,多为药所误,不如饮美酒,被服纨与素",这本是诗人愤疾之言,但是反话大可作正话看;也许作正话看,还有更深的意蕴。说来也奇怪,许多英雄豪杰在生命的流连上都未能免俗,我因此想到曹孟德的遗嘱:

吾死之后,葬于邺之西冈上,妾与妓人皆着铜雀台,台上施六尺床,下穗帐。朝晡上酒脯糒之属,每月朔十五,辄向帐前作伎,汝等时登台望吾西陵墓田。

他计算得真周到,可怜虫!谢朓说得好:

穗帷飘井干,樽酒若平生。
郁郁西陵树,讵闻歌吹声!

孔子毕竟是达人,他听说桓司马自为石郭,三年而不成,便说"死不如速朽之为愈也"。谈到朽与不朽问题,这话也很难说。我们固无庸计较朽与不朽,朽之中却有不朽者在。曹孟德朽了,陵雀台妓也朽了,但是他的那篇遗嘱,何逊谢朓李贺诸人的铜雀台诗,甚至于铜雀台一片瓦,于今还叫讽咏摩娑的人们欣喜赞叹。"前水复后水,古今相续流",历史原是纳过去于现在,过去的并不完全过去。其实若就种中有果来说,未来的也并不完全未来。这现在一顷刻实在伟大到不可思议,刹那中自有终古,微尘中自有大千,而汝心中亦自有天国。这是不朽的第一义谛。

相反两极端常相交相合。人渴望长生不朽,也渴望无生速朽。我们回到波斯大帝的叔父的话:"世间没有一个人在一生中不有好几次不愿生宁愿死。"痛苦到极点想死,一切自杀者可以为证;快乐到极点也还是想死,我自己就有一两次这样经验,一次是在二十余年前一个中秋前后,我乘船到上海,夜里经过焦山,那时候大月亮正照着山上的庙和树,江里的细浪像金线在轻轻地翻滚,我一个人在甲板上走,船上原是载满了人,我不觉得有一个人,我心里那时候也有那万里无云,水月澄莹的景象,于是非常喜悦,于是突然起了脱离这个世界的愿望。另外一次也是在秋天,时间是傍晚,我在北海里的白塔顶上望北平城里底楼台烟树,望到西郊的远山,望到将要下去的红烈烈的太阳,想起李白的"西风残照,汉家陵阙"那两个名句,觉得目前的境界真是苍凉而雄伟,当时我也感觉到我不应该再留在这个世界里。我自信我的精神正常,但是这两次想死的意念真来得突兀。诗人济慈在《夜莺歌》里于欣赏一个极幽美的夜景之后,也表示过同样的愿望,他说:

Now more than ever seems it rich to die
现在死像比任何时都较丰富。

他要趁生命最丰富的时候死,过了那良辰美景,死在一个平凡枯燥的场合里,那就死得不值得。甚至于死本身,像鸟歌和花香一样,也可成为生命中一种奢侈的享受。我两次想念到死,下意识中是否也有这种奢侈欲,我不敢断定。但是如今冷静地分析想死的心理,我敢说它和想长生的道理还是一样,都是对于生命的执着。想长生是爱着生命不肯放手,想死是怕放手轻易地让生命溜走,要死得痛快才算活得痛快,死还是为着活,为着活的时候心里一点快慰。好比贪吃的人想趁吃大鱼大肉的时候死,怕的是将来吃不到那样好的,根本还是由于他贪吃,否则将来吃不到那样好的,对于他毫不感威胁。

生命的执着属于佛家所谓"我执",人生一切灾祸罪孽都由此起。佛家针对着人类的这个普遍的病根,倡无生,破我执,可算对症下药。但是佛家也并不曾主张灭生灭我,不曾叫人类作集体的自杀,而只叫人明白一般人所希求的和所知见的都是空幻。还不仅此,佛家在积极方面还要慈悲救世,对于生命是取护持的态度。舍身饲虎的故事显示我们为着救济他生命,须不惜牺牲己生命。我心里对此尝存一个疑惑:既证明生命空幻而还要这样护持生命是为什么呢?目前我对于佛家的了解还不够使我找出一个圆满的解答。不过我对于这生命问题倒有一个看法,这看法大体源于庄子。(我不敢说它是否合于佛家的意思,)庄子尝提到生死问题,在《大宗师》篇说得尤其透辟。在这篇里他着重一个"化"字,我觉得这"化"字非常之妙。中国人称造物为"造化",万物为"万化"。生命原就是化,就是流动与变易。整个宇宙在化,物在化,我也在化。只是化,并非毁灭。草木虫鱼在化,它们并不因此而有所忧喜,而全体宇宙也不因此而有所损益。何以我独于我的化看成世间一件大了不起的事呢?我特别看待我的化,这便是"我执"。庄子对此有一段妙喻:

今大冶铸金,金踊跃曰,"我且必为莫邪",大冶必以为不祥之金。今一犯人之形,而曰,"人耳,人耳",夫造化者必以为不祥之人。今以天地为大炉,以造化为大冶,恶乎往而不可哉?成然寐,蘧然觉。

在这个比喻里,庄子破了"我执",也解决了生死问题。人在造化手里,听他铸,听他"化"而已,强立物我分别,是为不祥。庄子所谓寐觉,是比喻生死。睡一觉醒过来,本不算一回事,生死何尝不如此?寐与觉为化,生与死也还是化。庄周梦为蝴蝶,则"栩栩然蝴蝶也";"俄然觉,则蘧蘧然周也"；生而为人，死而化为鼠肝虫背，都只有听之而已。在生时这个我在大化流行中有他的妙用，死后我的化形也还是如此，庄子说：

　　浸假而化予之左臂以为鸡，予因之以求时夜；浸假而化予之右臂以为弹，予因之以求鸮炙……

　　物质毕竟是不灭的，漫说精神。试想宇宙中有几许因素来化成我，我死后在宇宙中又化成几许事物，经过几许变化，发生几许影响，这是何等伟大而悠久，丰富而曲折的一个游历，一个冒险？这真是所谓"逍遥游"！

　　这种人生态度就是儒家所谓"赞天地之化育"，郭象所谓"随变任化"（见《大宗师》篇"相忘以生"句注），翻成近代语就是"顺从自然"。我不愿辩护这种态度是否为颓废的或消极的，懂得的人自会懂得，无庸以口舌争。近代人说要"征服自然"，道理也很正大。但是怎样征服？还不是要顺从自然的本性？严格地说，世间没有一件不自然的事，也没一件事能不自然。因为这个道理，全体宇宙才是一个整一融贯的有机体，大化运行才是一部和谐的交响曲，而 cosmos 不是 chaos。人的最聪明的办法是与自然合拍，如草木在和风丽日中开着花叶，在严霜中枯谢，如流水行云自在运行无碍，如"鱼相与忘于江湖"。人的厄运在当着自然的大交响曲"唱翻腔"，来破坏它的和谐。执我执法，贪生想死，都是"唱翻腔"。

　　孔子说过："朝闻道，夕死可矣"。人难能的是这"闻道"。我们谁不自信聪明，自以为比旁人高一着？但是谁的眼睛能跳开他那"小我"的圈子而四方八面地看一看？谁的脑筋不堆着习俗所扔下来的一些垃圾？每个人都有一个密不通风的"障"包围着他。我们的"根本惑"像佛家所说的,是"无明"。我们在这世界里大半是"盲人骑瞎马",横冲直撞,怎能不闯祸事!所以说来说去,人生最要紧的事是"明",是"觉",是佛家所说的"大圆镜智"。法国人说:"了解一切,就是宽恕一切";我们可以补上一句:了"解一切,就是解决一切。生"命对于我们还有问题,就因为我们对它还没有了解。既没有了解生命,我们凭什么对付生命呢?于是我想到这世间纷纷扰攘的人们。

(载《文学杂志》第 2 卷第 3 期,1947 年 8 月)

自我检讨

中国人民革命这个大运动转变了整个世界,也转变了我个人。我个人的转变不过是大海波浪中的一点小浪纹,渺小到值不得注意,可是它也是受大潮流的推动,并非出于偶然。

我的父祖都是清寒的教书人。我从小所受的就是半封建式的教育,形成了一些陈腐的思想,也养成了一种温和而拘谨的心理习惯。由于机缘的凑合,我在几个英法大学里做了十余年的学生,在资本主义形态的文学、历史和哲学里兜了一些圈子。就在这个时期的开始,中国文化思想上发生了一个空前的变动——五四运动。这样大的一次变动掠我而过,而我却茫然若无其事。这是我生平的大不幸,历史向前走了一长段路,而我还停滞在变动的出发点。我脱离了中国现实时代。

在学生时代,我受了欧洲经院的"为学问而学问"那个老观念的传染,整天抱着书本子过活,对于大世界中种种现实问题失去了接触,也就失去了兴趣。实际政治尤其使我望而生畏,仿佛它是一种污糟的东西。二十二年①回国,我就在北大外文系任教。当时我的简单的志愿是谨守岗位,把书教好一点,再多读一些书,多写一些书。假如说我有些微政治意识的话,那只是一种模糊的欧美式的民主自由主义。二十六年抗日战事起,我转到四川大学。校长是一位北大哲学系的旧同事,倒是规规矩矩地办学,可是因为不会逢迎教育部长陈立夫,过了一年就被撤了职,换了他的党羽程天放。当时我以一个自由思想者的立场,掀起风潮去反对。反对不成,我就辞了职离开四川大学。这是我生平第一次感到反动政府的压迫而起反抗。这消息传出去了,一位在延安做文化工作的先生曾经写信邀我去延安,我很想趁这个机会去看看我能否参加比较积极的工作。由于认识的不够和意志的薄弱,我终于辜负了这位先生的好意,转到武汉大学去继续教书。

在武大待了三四年,学校内部发生人事冲突,教务长没有人干,学校硬要拉我去干。干了不过一年,反动政治的压迫又来了!陈立夫责备王星拱校长,说我反对过程天放,思想不稳,学校不应该让我担任要职。王校长想息事宁人,苦劝我加入国民党,说这只是一个名义,一个幌子,为着学校的安全,为着我和他私人的友谊,我都得帮他这一个忙。当时我也并非留恋这个教务长,可是假如我丢了不干,学校确实难免动摇。因此,我隐忍妥协,加入了国民党。我向王校长的声明是只居名义,不参加任何活动。这是我始终引为内疚的一件事。参加一个政党本身并不是一件坏事,我所感到惭愧的是我以一个主张思想自由者,为了一时的方便,取这种敷衍的态度,参加了我不愿意参加的一个政党。

抗战胜利后我回到北大,就怀了一个戒心,想不要再转入党的漩涡,想再抱定十余年前初到北大时那个简单的志愿,谨守岗位,把书教好一点,再多读一些书,多写一些书。可是事与愿违,一则国民党政府

---

① 指民国二十二年。

越弄越糟,逼得像我这样无心于政治的人也不得不焦虑忧惧;二则我向来胡乱写些文章,报章杂志的朋友们常来拉稿,逼得我写了一些于今看来是见解错误的文章,甚至签名附和旁人写的反动的文章。在这里我可以约略说一说过去几年中我的政治态度。像每个望中国好的国民一样,我对于国民党政府是极端不满意的;不过它是一个我所接触到的政府,我幻想要中国好,必须要这个政府好;它不好,我们总还要希望它好。我所发表的言论大半是采取这个态度,就当时的毛病加以指责。由于过去的教育,我是一个温和的改良主义者,当然没有革命的意识。我的错误已经由事实充分证明,这里也无须详说。

在解放以前,我对于共产党的主张和作风的认识极端模糊隐约,所看到的只是国民党官方的杂志报纸,所接触到的只是和我年龄见解差不多的人物,一向处在恶意宣传的蒙蔽里。自从北京解放以后,我才开始了解共产党。首先使我感动的是共产党干部的刻苦耐劳,认真做事的作风,谦虚谨慎的态度,真正要为人民服务的热忱,以及迎头克服困难那种大无畏的精神。我才恍然大悟从前所听到的共产党满不是那么一回事。从国民党的作风到共产党的作风简直是由黑暗到光明,真正是换了一个世界。这里不再有因循敷衍,贪污腐败,骄奢淫逸,以及种种假公济私卖国便己的罪行。任何人都会感觉到这是一种新兴的气象。从辛亥革命以来,我们绕了许多弯子,总是希望之后继以失望,现在我们才算走上大路,得到生机。这是我最感觉兴奋的景象。

其次,我跟着同事同学们学习,开始读到一些共产党的书籍,像《共产党宣言》、《联共党史》、《毛泽东选集》以及关于唯物论辩证法的著作之类。在这方面我还是一个初级小学生,不敢说有完全正确的了解,但在大纲要旨上我已经抓住了共产主义所根据的哲学,苏联革命奋斗的经过,以及毛主席的新民主主义的理论和政策。我认为共产党所走的是世界在理论上所应走而在事实上所必走的一条大路。

从对于共产党的新了解来检讨我自己,我的基本的毛病倒不在我过去是一个国民党员,而在我的过去教育把我养成一个个人自由主义者,一个脱离现实的见解褊狭而意志不坚定的知识分子。我愿意继续努力学习,努力纠正我的毛病,努力赶上时代与群众,使我在新社会中不至成为一个完全无用的人。我的性格中也有一些优点,勤奋,虚心,遇事不悲观,这些优点也许可以做我的新生的萌芽。

(载 1949 年 11 月 27 日《人民日报》)

老而不僵

《中国老年》编辑部向我约稿，我愿借此机会，同老年朋友交换一些意见，谈谈我个人的看法。

我今年八十八岁了，一生都在学习和研究学术问题，特别是关于美学问题，写过不少论文。我认为，人到老年，就要注意健康和长寿。有了健康的身体，才能有健康的精神。

英国人说："健康的精神寄托于健康的身体"，这的确是至理名言。健康的身体来自锻炼，我每日坚持慢跑、打太极拳、做气功。我第二次"解放"后，重操起旧业。我这才发现脑筋也和身体一样，愈锻炼，效率也就愈高。仅1979年一年内，我就写了十三万字的文稿，搞了近百万字的书稿清样。关在牛棚时的那种麻木白痴的状态也根本消失了。据此经验，我劝老年朋友，离休退休之后，总要找点事情干，使脑筋和身体一样经常处于锻炼状态。

从锻炼成健康的身体中来锻炼出健康的精神，这是做一切工作所必须遵循的一条辩证唯物主义的准则。人总是要老的。老化和僵化都是生机贫弱的表现。要恢复生机,就要在身体上和精神上都保持健康状态。

老化可能带来僵化,但老化并不等于僵化。思想僵化的病根是"坐井观天"、"划地为牢"、"固步自封"。我们要使自己老而不僵。怎样才能老而不僵?我们的老祖宗朱熹有句名言:"半亩方塘一鉴开,天光云影共徘徊;问渠那得清如许,为有源头活水来。关"键在这"源头活水",活水是生机的源泉,有了它就可以防环境污染,使头脑常醒和不断地更新。这就要多接触社会,多接近群众,多读书看报。一句话,要"放眼世界",不断地吸引精神营养!

(载《中国老年》第九期,1985年9月)

辑二　美文汇翠

悼夏孟刚

此稿曾载立达学园校刊，因为可以代表我对于自杀的意见，所以特载于此。

今晨接得慕陶和澄弟的信，但道夏孟刚已于四月十二日服氰化钾自杀了。近来常有人世凄凉之感，听了孟刚的噩耗，烦忧隐恸，益觉不能自禁。

我在吴淞中国公学时，孟刚在我所教的学生中品学最好，而我属望于他也最殷，他平时沉静寡言语，但偶有议论，语语都来自衷曲，而见解也非一般青年所能及。那时他很喜欢读托尔斯泰，他的思想，带有很深的托氏人生观的印痕。我有一个时期，也受过托尔斯泰的熏沐。我自惭根性浅薄，有些地方不能如孟刚之彻底深入；可是我们的心灵究竟有许多类似，所以一接触后，能交感共鸣。

中国公学阻于兵争以后，孟刚入浦东中学，我转徙苏浙，彼此还数相见。在这个时候，他介绍我认识了他的哥哥。他的父亲曾经在我的母校桐城中学当过教师。因此我们情感上更加一层温慰。江湾立达学园成立后，孟刚遂舍浦东来学江湾。我因亟于去国，正想寻机会同他作一次深谈，他突然间得了父病的消息，就匆匆别我返松江叶榭去了。

今年一月中，他来一封信，里面有这一段话：

您启程赴英的时候，我在家中不能听到"我去了"三字，至以为憾。我近来觉人生太无意味；我觉得世界上很少真正的同情者，——除去母性的外，也许绝无，——我觉得我是不可再活在世上和人类接触了；而尤其使我悲伤的就是我本来可以向他发发牢骚的哥哥已于暑假中死于北京，继而我的父亲也病没了。也许我过去的生活太偏于情感，——或太偏于理智。或者我的天性如此。我知道我请您教我，是无效果的，但是我又觉着不可不领领您的教。

我读过这封信为之悒然许久。我很疑虑我所属望最殷的孟刚或者于悲恸父兄之丧外，又不幸别触尘网。青年人大半都免不掉烦闷时期。但是我相信孟刚终当自能解脱。寄了一部歌德的《麦斯特游学记》给他读，希望他在这本书中能发见他所未曾见到的人生又一面。孟刚具有很强烈的感受伟大心灵之暗示的能力，我很希望他能私淑歌德抛开轻生的念头，替人类多造些光；那里知道孟刚在写信给我的时候，就有自杀的决心，而那封信竟成绝笔！

孟刚自杀的近因，我不甚明了。但是就他的性格和遭际说，这次举动也不难解释。他不属于任何宗教，而宗教的情感则甚强烈。他对于世人的罪恶，感觉过于锐敏。托尔斯泰的影响本应该可以使他明了赦宥的美；可是他的性情耿介孤洁，不屑与世浮沉，只能得托氏之深的方面，未能得托氏之广的方面，其结果乃走于极端而生反动。孟刚固深于情者,慈爱的父兄既先后弃世,而友朋中能了解他心的深处者又甚寥寥。于此寥阔冷清的世界中,孟刚乃不幸又受命运之神最后的揶揄,而绝望于理想的爱。这些情境相凑合,孟刚遂恝然抛开垂暮的慈母而自杀了。

我不愿像柏拉图、叔本华一般人以伦理眼光抨击自杀。生的自由倘若受环境剥夺了,死的自由谁也不能否认的。人们在罪恶苦痛里过活,有许多只是苟且偷生,腼然不知耻。自杀是伟大意志之消极的表现。假如世界没有中国的屈原、希腊的塞诺(Zeno)、罗马的塞内加(Seneca)一类人的精神,其卑污顽劣,恐更不堪言状了。

人生是最繁复而诡秘的,悲字乐字都不足以概其全。愚者拙者混混沌沌地过去,反倒觉庸庸多厚福。具有湛思慧解的人总不免苦多乐少。悲观之极,总不出乎绝世绝我两路。自杀是绝世而兼绝我。但是自杀以外,绝非别无他路可走,最普通的是绝世而不绝我,这条路有两分支。一种人明知人世悲患多端而生命终归于尽,乃力图生前欢乐,以诙谐的眼光看游戏似的世事,这是以玩世为绝世的。此外也有些人既失望于人世欢乐之无常,而生老病死,头头是苦,于是遁入空门,为未来修行,这是以逃世为绝世的。苏曼殊的行迹大半还在一般人的记忆中。他是想逃世而终于止做到玩世的。玩世者与逃世者都只能绝世而不能绝我。不能绝世,便不能无赖于人。牵绊既未断尽,而人世忧患乃有时终不能不随之俱来。所以玩世与逃世,就人说,为不道德;就己说,为不彻底。衡量起来,还是自杀为直截了当。

自杀比较绝世而不绝我,固为彻底,然而较之绝我而不绝世,则又微有欠缺。什么叫做"绝我而不绝世"? 就是流行语中所谓"舍己为群",不过这四字用滥了,因而埋没了真义。所谓"绝我",其精神类自杀,把涉及我的一切忧苦欢乐的观念一刀斩断。所谓"不绝世",其目的在改造,在革命,在把现在的世界换过面孔,使罪恶苦痛,无自而生。这世界是污浊极了，苦痛我也够受了。我自己姑且不算吧，但是我自己堕入苦海了，我决不忍眼睁睁地看别人也跟我下水。我决计要努力把这个环境弄得完美些，使后我而来的人们免得再尝受我现在所尝受的苦痛，我自己不幸而为奴隶，我所以不惜粉身碎骨，努力打破这个奴隶制度，为他人争自由，这就是绝我而不绝世的态度。持这个态度最显明的要算释迦牟尼，他一身都是"以出世的精神，做入世的事业"。佛教到了末流，只能绝世而不能绝我，与释迦所走的路恰相背驰，这是释迦始料不及的。古今许多哲人，宗教家，革命家，如墨子，如耶稣，如甘地，都是从绝我出发到淑世的路上的。

假如孟刚也努力"以出世的精神，做入世的事业"，他应该能打破几重使他苦痛而将来又要使他人苦痛的孽障。

但是，孟刚死了，幽明永隔，这番话又向谁告诉呢！

1926 年 5 月 18 日夜半于爱丁堡
（选自《给青年的十二封信》，开明书店 1929 年 3 月出版）

旅英杂谈

1

　　记得美人斯蒂芬教授在他的《英伦印象记》里仿佛说过，英国大学生的学问不是从教室，而是从烟雾沉沉的吃烟室里得来的，因为教授们在安安泰泰的衔着烟斗躺在沙发椅子上的时候，才打开话匣子，让他们的思想自然流露出来。这番话固然不是毫无根据，但是对于大多数大学校中之大多数学生，这还仅是一种理想。私课制（tuition system）固然是英国大学的一个优点，不过采行这种制度而名副其实的只有牛津剑桥一两处；就是这一两处也只有少数贵族学生能私聘教员，在课外特别指导。其余一般大学授课多只为一种有限制的公开演讲。每班学生数目常自数十人以至数百人，教员如何能把他们个个都引在吸烟室里从容讨论？好在英国几个第一流的大学所请的教授大半很有实学，平时担任钟点很少，他们的讲义确是自己研究的结果，不像一般大学教授的讲义只是一件东抄西袭的百衲衫。每科尝有所谓荣誉班（honours course），只有在普通班卒业而成绩最优的才得进去，所以学生人数少，和教员接洽的机会较多，荣誉班正式上课时也不似寻常班之听而弗问，往往取谈话的方式。荣誉班卒业并不背起什么博士头衔。所谓博士，其必要的条件只是在得过寻常班学位以后再住校两年，择一问题自己研究，然后做一篇勉强过得去的论文，缴若干考试费，就行了。固然也有些人真是"博"才得到这种头衔，可是不"博"而求这种头衔，似乎也并不要费什么九牛二虎之力。

2

年来国内学生入党问题，颇惹起教育界注意。我对此也曾略费思索，来英后所以特别注意他们学生和政党的关系。在中小学校，我还没有听见学生加入政党。可是在各大学里，各政党都有支部，多数学生都各有各的政党，各政党支部的名誉总理大半都是本党领袖。他们常定期举行辩论，或请本党名人演讲。有时工党与守旧党学生互举代表作联席辩论，仿佛和国会议事一般模样。英国本是一个党治的国家，党的教育所以较为重要。他们所谓党的教育不外含有两种任务：一、明了本党党纲与政策；二、练习辩论和充领袖的能力。实际政治有他们的目前的首领去管，不用他们去参与。学校对于学生党的教育——对于一切信仰习惯——都不很干涉，因为有已成的风气在那里阴驱潜率，各政党支部都可以明张旗鼓，惟共产党还要严守秘密——英国大学校也有共产党的踪迹了。近来牛津大学有两个共产党学生暗地鼓动印度学生作独立运动，被学校知道了，校长就限他们自认以后在校内不再宣传共产，否则便请他们出校。学生会工党学生们会议请校长收回成命，只有一百几十人赞成，占少数，没有通过。那两个学生只好去向校长声明："我们以后三缄其口罢！"

3

初来此时，遇见东方人总觉亲热一点。有一天上文学班，去得很早，到的还寥寥，跨进门一看，就看见坐在最前排的是两个东方人。有一位是女子，向我略颔首致敬——因为知道我也是从东方来的。我就坐在她旁边那位男子的旁边。他戴了一副墨晶眼镜，仿佛在那儿有所思索，没有注意到我的样子。我就攀问道，先"生，你是从日本来的，还是从中国来的？"他说是从日本来的。以后我们就常相往来，他们有时邀我去尝日本式的很简朴的茶点，从谈话中我才知道这两位朋友经过许多悲壮的历史。

那位戴墨晶眼镜子的原来是一个盲目者，而跟着他的女子就是他的妇人。她在英国是一个哑子——不能说英文。岩桥武夫君——这是他的姓名——从日本大阪跨过印度洋地中海，穿过巴黎伦敦，进了爱丁堡大学，每天由课堂跑回寓所，由寓所再跑到课堂，都是赖着他的不能说英文的妇人领着。

他生来本不盲目。到了二十岁左右时患了一种热病。病虽好而眼睛瞎了。从前他在学校里是以天才著名的，文学是他的凤好。失明以后，他就悲观厌世，有一年除夕，他在厨房里摸得一把刀子，就设法去自杀。他的母亲看见了——他是他慈母唯一的爱儿——用种种的话来劝慰他。由来世间母亲的恩爱与力量是不可抵御的，于是岩桥武夫君立刻转过念头，决计从那天起重新努力做人。他进了盲哑学校，毕业后在母校里服务过，现在来英国研究文学。

他很有些著作，最近而且最精心结构的叫做《行动的坟墓》。这个名称是用密尔敦诗中 moving grave 的典故。这书仿佛是他的自传。我不能读日本文，不知道它的价值。

岩桥武夫君和爱罗先珂是很好的朋友。爱罗先珂到日本，就寓在他的家里。他们都是盲目的天才,而且都抱有一种世界同仁的理想,同声相应,所以吸引到一块。日本政府怕爱罗先珂是"危险思想"的宣传者,把他驱出日本,岩桥武夫君曾抗议过,但是无效。

他的妇人原来是一个神道教信徒。前半生都费在慈善事业方面。她嫁给岩桥武夫君帮助他求学著书,纯是出于弱者的同情。岩桥武夫做文章,都是由她执笔。她对于日本文学很有研究的。

岩桥武夫是一个寒士。卖尽家产做川资,学费是由大阪每日新闻社和朋友资助的。他的老母现在还在日本开一个小纸笔店过生活。

4

一般人想象里的英国大半是一个家给人足的乐土。实际上他们能够过舒服日子的恐怕不到五分之一。能够在矿坑里捉一把锄头,在工厂里掌一个纺织机,或者在旅馆商店里充一个使役,还是叨天之庥的。许多失业的人,其生活之苦,或较中国穷人更甚。因为中国最穷的有几个铜子,便可勉强敷衍一天的肚皮。在欧洲生活程度高,几个铜子是买水就不能买火,买火就不能买水的。向来中国人自己承认对于衣食住三件,最不讲究的是住。西洋房屋建筑比中国的确实强得几倍。但是以有限资本盖房子,要好就不能多。有一天我听一位工党议员演说,攻击守旧党政府对于住室问题漠不关心。他说只就苏格兰说,二十人住一间房子的达数千家,十人住一间房子的达数万家。我初听了颇骇异。后来到穷人居的部分去看看,才晓得那位工党议员不是言之过甚。我自然不能走进他们房子里去调查。不过在很冷的冬天,他们女子们小孩子们千百成群的靠着街墙或者没精打采的流荡,大概总是因为房子里太挤的原故。西洋人以洁净著名,可是那般穷人也是脏得不堪。

英国的乞丐比较的来得雅致。有些乞丐坐在行人拥挤的街口,旁边放一块纸板,上面大半写着,"退伍军士,无工可做,要养活妻子儿女,求仁人帮助！"一类的话。有些奄奄垂毙的老妇，沿街拉破烂的手琴，或者很年轻的少年手里托着帽子拖着破喉嗓子唱洋莲花落。还有一种乞丐坐在街头用五彩粉笔，在街道上画些山水人物，供行人观赏。这些人不叫乞丐，叫做"街头美术家"（pavement artists）。他们有些画得很好，我每每看见他们，就立刻联想到在上海看过的美术展览会。

5

要知道英国人情风俗，旁听法庭审判，可以得其大半。中国人所想得到的奸盗邪淫，他们也应有尽有。有时候法官于审问中插入几句诙谐话，很觉得逸趣横生。罪过原来是供人开玩笑的，何况文明的英国人是很欢喜开玩笑的呢？近来有一个人为着向他已离婚的妇人索还订婚戒指，打起官司来了，律师引经据典的辩论，说伊丽莎白后朝某一年有一个先例，法庭判定订婚戒指只是一种有条件的赠品。那一个法官就接着说，"那一年莎士比亚已经有十岁了。"后来那个妇人说她已经把戒指当去了。法官含笑问道，"当去了吗？好一篇浪漫史，让你糟蹋了！"英国向例，凡替罪犯向法庭取保的人应有一百镑的财产。去冬轰动一时的十二共产党审讯，其中有一个替人取保的就是鼎鼎大名的萧伯纳，法庭书记问萧氏道，"你值得一百镑么？"萧氏含笑答道，"我想我值得那么多哩。"两三个月以前，伦敦哈德公园发现一件风流案，他们也喧扰了许久。有一天哈德公园的巡警猛然地向园角绿树阴里用低微郑重的声调叫道，"你们犯了法律，到警厅去！"随着他就拘起两个人带到法庭去审问。那两个有一位是五十来岁光景的男子，他的名字叫 Sir Basil Thomson，他是一个有封爵的，他是一个著作者，他是伦敦警察总监！别的那一位是每天晚上在哈德公园闲逛的女子中之一。汤姆逊爵士说，他近来正著一本关于犯罪的书，那一晚不过是到哈德公园去搜材料，自己并没有犯罪。那位女子承认得了那位老人五个先令，法官转向汤姆逊爵士说,"你五个先令可以敷衍她,法庭可是非要五镑不可!"汤姆逊请了最著名的律师上诉,但是他终于出了五镑钱。

6

英国报纸不载中国事则已,载中国事则尽是些明讥暗讽,遇战争发生,即声声说中国已不能自己理会自己了,非得列强伸手帮助不行。遇群众运动,即指为苏俄共产党所唆使。提到冯玉祥,总暗敲几句,因为他反对外人侵略。提到香港罢工,总责备广东政府不顺他们的手。伦敦《每日电闻》驻北京的通讯员兰敦(Perceval Landon)尤其欢喜说中国坏话。英国一般民众的意见,都是在报纸上得来,所以他们头脑里的中国只是一锅糟。英国政府对待中国的政策,是外面讨好,骨子里援助军阀以延长内乱,抵制苏俄。他们现在不敢用高压手段激动中国民气,因为他们受罢工抵制的损失很不小。专就香港说,去年秋季入口货的价值由 11 674 720 镑减到 5 844 743 镑;出口货价值由 8 816 357 镑减到 4 705 176 镑。总计要比向来减少一大半。听说香港政府现在已经很难支持,专赖英国政府借款以苟延残喘。如果广东人能够照现在的毅力维持到三年,香港恐怕会还到它五十年前的面目罢!

《泰晤士报》有一天载惠灵敦在北京和各界讨论庚子赔款用途,中国人士都赞成用在建筑铁路方面,不很有人主张用于教育的。听来真有些奇怪!这还是北京军阀官僚作祟,还是英国人的新闻鼓惑?总而言之,中国自己在外国没有通讯社,中国的新闻全靠外国人传到外国去,外交永远难得顺手的。

7

欧战结局后,各国都把战争的罪过摆在德国人肩上,凡尔赛会议,列强居然以德国负战争之责,形诸条约明文。近来欧洲舆论逐渐变过方向。他们渐渐觉悟欧战的祸首,不能完全说是德国,而造成战前紧张空气的各国都要分担若干责任,战前欧洲形势好比箭在弦上不得不发。德国纵不开衅,战争也是必然的结局。去冬英国著名学者像罗素、萧伯纳、韦尔斯、麦克唐纳数十人公同发表了一封公开信,就是说德国不应该独负开衅的责任,而《凡尔赛条约》不公平。同时法国学者也有类似的举动。至于欧洲政治家有没有这种觉悟,我们却不敢断定。不过德国现在逐渐恢复起来了,她不受国际联盟限制军备的约束,英法各国总有些不放心,所以去冬德法英比意各国订了《洛卡罗条约》(Locaruo Protocol)主旨就在法撤鲁尔住兵,德承认《凡尔赛条约》所划界线,以后大家互相保障不打仗,都受国际联盟的仲裁。要实行这个条约,德国自然不能不加入国际联盟,她也是一个大国,加入国际联盟,当然要和英法日意占同等位置,要在委员会里占一永久席。

可是这里狡猾的外交手段就来了。斡旋《洛卡罗条约》的人是英国外交总理张伯伦。《洛卡罗条约》成功,英国人自以为这一次在欧洲外交上做了领袖,欢喜得了不得,于是张伯伦君一跃而为张伯伦爵士。哪一家报纸不拍张伯伦爵士(Sir Chamberlain)的马屁!

谁知道张伯伦爵士落到法国白利安(Birand)的灵滑的手腕里去了!法国很欢喜德国承认《凡尔赛条约》割地,可是不欢喜德国在国际联盟委员会里占重要位置,所以暗地设法拉波兰、西班牙要求和德国同时得委员永久席。白利安于是把张伯伦君——那时还是张伯伦君——请到巴黎去,七吹八弄的把张伯伦迷倒了,叫他立约援助波兰、西班牙的要求。双方都严守秘密。到了国际联盟开特别会,筹备盛典,欢迎德国加入的时候,于是波兰的要求提出来了,法国报纸众口一词的赞成波兰的要求。大家都晓得英国外交向来是取联甲抵乙的手段。波兰西班牙以法国援助而得永久席当然以后要处处和法国一鼻孔出气,英国势力当然要减弱。况且德国看法国拉小国来抵制她,也宁愿不加入国际联盟，不愿做人家的傀儡。英国民众报纸家家都说"让德国进来以后，再商议波兰的要求罢！"可是张伯伦已经私同白利安约好了，哑子吃黄连，如何能叫苦？他们无处发气，只在报纸上埋怨白利安是滑头，张伯伦是笨伯。于是张伯伦爵士又一变而为麦息尔张伯伦（Mousieur Chamberlain，依法国人的称呼称他）。

英姿飒爽的张伯伦爵士那里能受人这样泼冷水？他于是自告奋勇去戴罪立功，到日内瓦再出一回风头。这一次日内瓦的把戏真玩足了。英德利用瑞典叫她反对波兰加入。法国嗾波兰、西班牙要求与德国同时得永久席。意大利嗾布鲁塞尔作同样要求，大家都不肯放松一点。于是德国被选为永久委员的提议就搁起到今年九月再议。最后开会，各国代表都说些维持和平，促进文化，国际亲善的话。法国白利安说得尤其漂亮，——他是最会说漂亮话的，——说法国人对德国人多么真心，德国多么伟大，将来谋国际和平，少不得德国鼎力帮助的，如此如彼的说了一大套。德国总理斯特来斯曼于是站起来感谢白利安说，"法国总理向来没有对德国说得这样好呀！"

8

二十世纪之怪杰，首推列宁，其次就要推墨索里尼（Mussolini）。墨氏起家微贱，由无赖少年而变为小学教员，由小学教员而变为流荡者，由流荡者而变为新闻记者，由新闻记者而变为法西斯（Fascists，似乎有人译作烧炭党）领袖，由法西斯领袖而变为意大利的笛克推多，将来他再由意大利笛克推多而变为全欧之执牛耳者，也很是意中事。

他是法西斯的创造者。法西斯主义是苏俄共产主义的反动，是极狭义的国家主义，是极端专制主义，社会本来不平等，各人应该保持原有利益。无论如何，革命是要不得的。世界尽管讲大同，意大利可是要极力提倡爱国。遇着不赞成法西斯主义的人，要用"直接行动"，所谓直接行动，就不外驱逐、暗杀。

墨索里尼说太阳从西方起山，全意大利人就不得说是从东方。意大利国会之多数法西斯，不过由五个领袖指派的。少数反对党都让他们拳打脚踢，抛出窗子外面去了。意大利著名的报纸一齐封闭起来了。反对法西斯的人物有的放逐，有的遭暗杀了。墨索里尼虽如此专制，然而意大利多数人民都承认他是继马志尼而为意大利之救星。

墨索里尼不是专横以外，别无他长。他是最著名的演说者，最能干的行政者，最伶俐的外交家。意大利本来是国际联盟一分子，但是墨索里尼现在还暗中接合南欧诸拉丁民族另外订一个联盟，以抵制英德诸国。德国近来想再和奥国联邦，墨索里尼明目张胆的说，意大利的旗帜是很容易背到北方去的，如果德奥真要打伙。

大家还不明了墨索里尼的野心吗？我还忘记说，墨索里尼每次到国会演说所穿的魁梧奇伟的军装，不是他自己的，是用重金向骨董店买来的，是威廉第二的。

9

英国从小学到大学，都有不强迫的军事教育。中小学有学生军（cadet corps），大学有军官教练团（officiers training corps）。这些团体都直接归陆军部管辖，一切费用都由政府供给。陆军部每年派员延阅一二次。各校常举行竞赛，得胜利者有重奖，大家都以为极荣耀。

这些组织与童子军完全不同。童子军的主旨在养成博爱耐苦诸精神，而学生军与军官教练团则专重军事上的知识与技能。其组织训练与军营无差别。炮，马，步，工，辎，色色俱全。他们除定期演讲军事学以外，常举行战事实习，如战斗，营造，救济等等。每年还打几次行营。欧战中，英国教员学生因为平时有这种军事训练，所以能直接赴前线应敌，可见得他们学校里的军事教育并非儿戏。

057

这种军事教育虽非强迫的，而政府则多方引诱学生入彀。第一层，想做军官的人要持有军官教练团的甲等证书。持有乙等证书的人投军觅官也比寻常士卒有六个月的优先权。第二，学生入学生军或军官教练团，不用花钱，可以穿漂亮的军服，骑高大的军马，每年在野外打几礼拜的行营，可白吃伙食。

凡是英国学生身体强壮而愿守规则的都可以加入。外国学生绝对不得进去。印度人本名隶英籍，与英、苏、爱同处不列颠帝国徽帜之下，可是许多印度学生向学校交涉，向英政府印度事务部交涉，请求进军官教练团学习，也都被拒绝。印度学生说，"在战争中，英国以不列颠帝国国民名义拉印度人去当冲，在和平时怎么要忘记印度人也应该受同等训练？"学校当局说，"这是陆军部的事，我们不便过问。"陆军部说，"这是印度事务部的事，你们不应该直接到此地请求。"印度事务部说，"关于军事，印度事务部管不到。"于是印度学生只好叹口气就默尔而息了。

10

西方人种族观念最深。在国际政治外交方面，拉丁民族国家与条顿民族国家之接合排挤的痕迹固甚显然；而只就英伦三岛说，爱尔兰固以种族宗教的关系而独立自由了，就是苏格兰与英格兰在政治上虽属一国，而地方风气与人民癖性都各各不同。苏格兰自有特别法律，自有特别宗教，自有特别教育系统。苏格兰人民没有自称为英国人的。假若遇见一个地方主义很深的苏格兰人，你问他是否英国人，他一定不欢喜地回答说，"不是，我生在苏格兰，我长在苏格兰，我是一个苏格兰人。"有一次我听一位阁员在爱丁堡演说，津津说明英苏之不宜分立。苏格兰与英格兰合并已三百多年了，现在还有把合并的理由向民众宣传之必要，可见得这两个地方的人民还是貌合神离了。

苏格兰人似我们的北方人，比较南方的英格兰人似乎诚实厚重些。

相传爱尔兰人最滑稽。有一次一位英格兰人和一个苏格兰人在爱尔兰游历,看见路上有一个招牌说,"不识字者如果要问路,可到对面铁匠铺子里去。"那位英格兰人捧腹大笑,而苏格兰人则莫名其妙。他回到寓所想了一夜,第二天很高兴地向英格兰人说,"我现在知道昨天看的招牌实在是可笑。假如铁匠不在铺子里,还是没有地方可以问路呀!"这个故事自然未免言之过甚,但是苏格兰人之比较的老实,可见一斑了。

11

一国的文化程度的高低,可以从民众娱乐品测量得出来。中国民众的趣味太低,烟酒牌骰娼妓皮黄戏以外别无娱乐,自是一件不体面的事,可是西方人虽素以善于娱乐著名,而考其实际,和中国人也不过是鲁卫之政,他们上等社会中固然不乏含有艺术意味的娱乐,但是这占极少数,而大多数民众也只求落得一个快乐,顾不到什么雅俗。在他们的街上走,五步就是一个纸烟店或糖果店,十步就是一个烧酒店或影戏院。糖果店是女子们小孩们最欢喜照顾的,每家糖果店门前,像装饰品店门前一样,总常有女子们小孩们看着奇形异彩的糖果发呆。他们的腰包也许不十分充裕,不过站着看看也了却不少心愿。烟酒是无分等级老幼,都是普通嗜好。就是女子们抽烟喝酒也并不稀奇。他们的酒店,只卖酒不卖下酒品。吃酒的人只站在柜台前,一灌而尽。在街上碰着醉汉是一件常事。影戏院的生意更好。失业者每礼拜只能向政府领五先令养活夫妻儿女,饭可以不吃,影戏却不能不看。影戏院所演的片子都不外恋爱侦探的故事,只能开一时之心火,决谈不上艺术价值。戏院是比较体面的人们所光顾的。可是所演戏剧大半是些诙谐作品,杂以半裸体的跳舞。像萧伯纳高尔斯华绥的作品是不常扮演的。

礼拜六晚,大家刚卸下六天的苦工,准备明天安息,是最放肆的一晚。娱乐场的生意在这一晚特别发达。青年男女们大半都聚在汗气脂粉气混成一团的跳舞场里，从午后七八点跳到夜间一两点钟。夜深人静了，他们才东西分散，回去倒在床上略闭眼朦胧过，便到了礼拜上午，于是又起来打扮，到礼拜堂去听牧师演讲"礼拜日的道德（Sunday morality）"。

这便是英国民众的娱乐。说抽象一点，他们的低等欲望很强烈，寻不着正当刺激，于是不得不求之于烟，于酒，于影戏院，于跳舞场。你说这是他们善于娱乐的表现，自无不可。然而你说这是文化之病征，也不见得大背于真理。

12

狄更生（Louis Dickinson）在他的《东方文化》里面仿佛说过，印度人受英国人统治是人类一个顶大的滑稽（irony），因为世界最没有能力了解印度文化的莫如英国人。狄更生自己也是一个英国人，能够有这种卓见，真是难能可贵。英国本也有她的特殊文化，可是从社会里没有看到这种文化所生的效果，我们不能不感叹三四千年佛化的领域逐渐为盎格鲁萨克逊颜色所污染，总是现代人类的一个奇耻大辱。

印度人在他们自己的国土以内受如何待遇，我是不知道的。印度学生在英国所受的待遇，我却见闻一二。他们本是英籍人民（British subjects），照理应与英国学生受同等待遇。不过我听见印度学生学医的说，他们简直没有机会在医院里临诊，学工的说，他们也难找得工场去实习。大学里军官教练团，绝对不允许他们进去的。最不公平的就是许多跳舞场都不卖票给印度学生。有一位印度女生住在大学女生宿舍里三四年之久，同住的人很少肯同她谈话。英国人心目中怎样看印度人，不难想见了。

印度学生自然也有许多败类。有许多学生因为受了英国教育的影响，其最大目的只在学一种技艺将来可以在英国人脚下寻一个饭碗。

我曾经遇见一个学文学的印度学生,问他欢喜泰戈尔的诗不?他答得很简单,"我没有读过。"有一次,一个印度学生在会场里问我,"中国到底还有政府么?"我听见了,心里替他感伤比替自己感伤还要利害。

但是印度是一个伟大的民族,她的伟大在异族凌虐的轭下还没有完全沉没,许多印度学生天资都很聪明,他们的国家思想也很浓厚。红头巾下那一副黑大沉着的面孔含有无限伤感,也含有无限抵抗的毅力。

拜伦诗人因为景仰希腊文艺,在土尔其侵犯希腊时,他立刻抛开他的稿本,提刀帮助希腊人抵御土尔其。偶尔想到先贤的风徽,胸中填了满腔的惭愧!

13

有许多名著,初读之往往大失所望。我读莎士比亚的《哈姆雷特》,曾经开卷数次,每次都是半途而废。最后,好容易把它读完了,可是所得的印象非常稀薄。莎翁号称近代第一大剧家,而《哈姆雷特》又是他的第一部杰作,可是一眼看去,除着几段独语以外,实无若何奇特。读莎翁著作的人们大概常有同样感想。

近来看过名角福兰般生班(Sir Frank Benson)排演这本悲剧,我才逐渐领略它的好处。福兰般生自己扮鬼,而扮哈姆雷特的则为菲列浦。本来近日英国剧场最流行的是谐剧。表演莎士比亚的剧时,观者人数寥寥。在萧疏冷落的场中,剧中所呈现的种种人世悲欢,乃益如梦境。到兴酣局紧时,邻座女子至于歔欷呜咽,这本戏动人的力量可以想见了。

拿剧本当作一部书读,根本就大错特错。读莎氏剧本而不能领略其美的人,大半都误在专从文字着眼,而没有注意到言外之意。戏剧的优劣决不能专从文字方面判定。比方王尔德的剧本,把它当着书读,多么流利生动。可是在剧台表演起来,便成了一种谈话会,好像出了气的烧酒,索然无味。洪深君所改译扮演的《少奶奶的扇子》是一个难能可贵的成功,我看过原剧,还不如改译扮演的生动。

莎氏剧本不易领会,还另有一层原因。大半读文学作品的人常有一种怪脾气,总欢喜问:"这本作品主义在什么地方?"他们在莎氏剧本中寻不出主义,便以为这无异于寻不出价值。这是"法利赛人"的见解。艺术的使命在表现人生与自然,愈客观,则愈逼真。把作者自己的主义加入以渲染一切,总不免流于浅狭。我们绝对不可以拿易卜生做标准去测量莎士比亚。易卜生是一位天才,学他以戏剧宣传主义的人,总不免画虎类狗。

易卜生太注重主义,所以他的剧本太缺少动作。他不同于——我不敢一定说他比不上——莎士比亚的就在此。可是有一点易卜生与莎氏相同而为王尔德一般人所望尘莫及的。他们表现性格,都能藏锋潜转。什么叫做藏锋潜转呢?就是在规定时间以内,主要角色的性格常经过剧烈变动。这种变动含有内在的必然性(inner-necessity),在明文中只偶一露出线索。粗心地看去,常使人觉得剧中主角何以突然发生某种行动,与原委不相称。可是仔细看去,便能发见这种变动在事前处处都藏有线索的。看娜拉对她丈夫的态度变迁,哈姆雷特对他爱人莪菲丽雅的态度变迁,便会明白这个道理。

我们不能把《哈姆雷特》当作一本书读,也不能把它只当作一本戏看。《哈姆雷特》是一部悲剧,而上品的悲剧都是上品的诗。看《哈姆雷特》不能看出诗意来,便完全没有领会得这本悲剧的美。哈姆雷特的独语,都是好诗,自不消说。其他如鬼的现形,莪菲丽雅的病狂,掘圹者的谈话,哈姆雷特的死,那几段多么耐人寻味!

莎翁剧本里面无主义,无宗教。怪不得托尔斯泰研究了几十年,而最后评语只是莎翁徒虚誉,实无所有,我虽景仰托尔斯泰,然而说到莎士比亚,我比较的相信歌德。著《维特》的人自然比较任何人都更了解

《哈姆雷特》，因为这两本书不都是替天下无数的少年说出了说不出的衷曲么？（我没有看过田汉君的译文，但是我以为形骸可译而精神是不可译的。）

14

莎士比亚的故居在埃文河上之斯特拉特福镇(Stratford on Avon)。这个镇上有一个很大的戏园，专是为纪念他而建筑的。今年这个戏园被火烧了。他们现在募金，预备建筑一个规模更大的戏园。

莎翁的生日为四月二十三日。每年逢到这天，英国人士在斯特拉特福镇举行庆祝盛典，凡在英国的外国公使及著名人物大概都来与会。今年是莎翁的第三百六十二周年纪念。因为筹备新戏园的缘故，特别热闹。向例，在这天行礼的时候，各国公使都把本国国旗张开以表敬意。这次当苏俄红旗张开时，群众中有许多叫"羞"的，从此可见得英人排俄的剧烈了。原来在未开会之前，就有许多人提议不准俄使列席，不准张俄国旗，这个消息早就登在伦敦各报上，俄使自然看过。可是俄使麦斯克置若罔闻，临时还是赴会。他所携的花圈上特别系一条很长的红绢，表示苏俄的颜色。这本是一件小事，但是可以见出英国人的气量。不知莎翁如果有灵，应该作何感想？在我看来英国人向来可以自豪的似乎都逐渐成为历史了。

（载《一般》第 1 卷第 1 期〈1926 年 9 月〉、第 2 期〈1926 年 10 月〉）

慈慧殿三号
——北平杂写之一

慈慧殿并没有殿，它只是后门里一个小胡同，因西口一座小庙得名。庙中供的是什么菩萨，我在此住了三年，始终没有去探头一看，虽然路过庙门时，心里总是要费一番揣测。慈慧殿三号和这座小庙隔着三四家居户，初次来访的朋友们都疑心它是庙，至少，它给他们的是一座古庙的印象，尤其是在树没有叶的时候；在北平，只有夏天才真是春天，所以慈慧殿三号像古庙的时候是很长的。它像庙，一则是因为它荒凉，二则是因为它冷清，但是最大的类似点恐怕在它的建筑，它孤零零地兀立在破墙荒园之中，显然与一般民房不同。这三年来，我做了它的临时"住持"，到现在仍没有请书家题一个某某斋或某某馆之类的扁[匾]额来点缀，始终很固执地叫它"慈慧殿三号"，这正如有庙无佛，多一事不如省一事。

慈慧殿三号的左右邻家都有崭新的朱漆大门，它的破烂污秽的门楼居在中间，越发显得它是一个破落户的样子。一进门，右手是一个煤栈，是今年新搬来的，天晴时天井里右方隙地总是晒着煤球，有时门口停着运煤的大车以及它所应有的附属品，——黑麻布袋，黑牲口，满面涂着黑煤灰的车夫。在北方居过的人会立刻联想到一种类型的龌龊场所。一粘上煤没有不黑不脏的，你想想德胜门外，门头沟车站或是旧工厂的锅炉房，你对于慈慧殿三号的门面就可以想象得一个大概。

和煤栈对面的——仍然在慈慧殿三号疆域以内——是一个车房，所谓"车房"就是停人力车和人力车夫居住的地方。无论是停车的或是住车夫的房子照例是只有三面墙，一面露天。房子对于他们的用处只是遮风雨；至于防贼，掩盖秘密，都全是另一个阶级的需要。慈慧殿三号的门楼左手只有两间这样三面墙的房子，五六个车子占了一间；在其余的一间里，车夫，车夫的妻子和猫狗进行他们的一切活动：做饭，吃饭，睡觉，养儿子，会客谈天等等。晚上回来，你总可以看见车夫和他的大肚子的妻子"举案齐眉"式的蹲在地上用晚饭，房东的看门的老太婆捧着长烟杆，闭着眼睛，坐在旁边吸旱烟。有时他们围着那位精明强干的车夫听他演说时事或故事，虽无瓜架豆棚，却是乡村式的太平岁月。

这些都在二道门以外。进二道门一直望进去是一座高大而空阔的四合房子。里面整年地鸦雀无声，原因是唯一的男主人天天是夜出早归，白天里是他的高卧时间；其余尽是妇道之家，都挤在最后一进房子，让前面的房子空着。房子里面从"御赐"的屏风到四足不全的椅凳都已逐渐典卖干净，连这座空房子也已经抵押了超过卖价的债项。这里面七八口之家怎样撑持他们的槁木死灰的生命是谁也猜不出来的疑案。在三十年以前他们是声威煊赫的"皇代子"，杀人不用偿命的。我和他们整年无交涉，除非是他们的"大爷"偶尔拿一部宋拓圣教序或是一块端砚来向我换一点烟资，他们的小姐们每年照例到我的园子里来两次，春天来摘一次丁香花，秋天来打一次枣子。

煤栈，车房，破落户的旗人，北平的本地风光算是应有尽有了。我所住持的"庙"原来和这几家共一个大门出入,和它们公用"慈慧殿三号"的门牌,不过在事实上是和他们隔开来的。进二道门之后向右转,当头就是一道隔墙。进这隔墙的门才是我所特指的"慈慧殿三号"。本来这园子的几十丈左右长的围墙随处可以打一个孔,开一个独立的门户。有些朋友们嫌大门口太不像样子,常劝我这样办,但是我始终没有听从,因为我舍不得煤栈车房所给我的那一点劳动生活的景象,舍不得进门时那一点曲折和垮进园子时那一点突然惊讶。如果自营一个独立门户,这几个美点就全毁了。

从煤栈车房转弯走进隔墙的门,你不能不感到一种突然惊讶。如果是早晨的话,你会立刻想到"清晨入古寺,初日照高林,曲径通幽处,禅房花木深"几句诗恰好配用在这里的。百年以上的老树到处都可爱,尤其是在城市里成林;什么种类都可爱,尤其是松柏和楸。这里没有一棵松树,我有时不免埋怨百年以前经营这个园子的主人太疏忽。柏树也只有一棵大的,但是它确实是大,而且一走进隔墙门就是它,它的浓阴布满了一个小院子,还分润到三间厢房。柏树以外,最多的是枣树,最稀奇的是楸树。北平城里人家有三棵两棵楸树的便视为珍宝。这里的楸树一数就可以数上十来棵,沿后院东墙脚的一排七棵俨然形成一段天然的墙。我到北平以后才见识楸树,一见就欢喜它。它在树木中间是神仙中间的铁拐李,《庄子》所说的:"大本臃肿而不中绳墨,小枝卷曲而不中规矩",拿来形容楸似乎比形容樗更恰当。最奇怪的是这臃肿卷曲的老树到春天来会开类似牵牛的白花,到夏天来会放类似桑榆的碧绿的嫩叶。这园子里树木本来很杂乱,大的小的,高的低的,不伦不类地混在一起;但是这十来棵楸树在杂乱中辟出一个头绪来,替园子注定一个很明显的个性。

我不是能雇用园丁的阶级中人,要说自己动手拿锄头喷壶吧,一时兴到,容或暂以此为消遣,但是"一日曝之,十日寒之",究竟无济于事,所以园子终年是荒着的。一到夏天来，狗尾草，蒿子，前几年枣核落下地所长生的小树，以及许多只有植物学家才能辨别的草都长得有腰深。偶尔栽几棵丝瓜，玉蜀黍，以及西红柿之类的蔬菜，到后来都没在草里看不见。我自己特别挖过一片地，种了几棵芍药，两年没有开过一朵花。所以园子里所有的草木花都是自生自长用不着人经营的。秋天栽菊花比较成功，因为那时节没有多少乱草和它作剧烈的"生存竞争"。这一年以来，厨子稍分余暇来做"开荒"的工作，但是乱草总是比他勤快，随拔随长，日夜不息。如果任我自己的脾胃，我觉得对于园子还是取绝对的放任主义较好。我的理由并不像浪漫时代诗人们所怀想的，并不是要找一个荒凉凄惨的境界来配合一种可笑的伤感。我欢喜一切生物和无生物尽量地维持它们的本来面目，我欢喜自然的粗率和芜乱，所以我始终不能真正地欣赏一个很整齐有秩序，路像棋盘，长青树剪成几何形体的园子，这正如我不喜欢赵子昂的字，仇英的画，或是一个中年妇女的油头粉面。我不要求房东把后院三间有顶无墙的破屋拆去或修理好，也是因为这个缘故。它要倒塌，就随它自己倒塌去；它一日不倒塌，我一日尊重它的生存权。

园子里没有什么家畜动物。三年前宗岱和我合住的时节，他在北海里捉得一只刺猬回来放在园子里养着。后来它在夜里常作怪声气，惹得老妈见神见鬼。近来它穿墙迁到邻家去了，朋友送了一只小猫来，算是补了它的缺。鸟雀儿北方本来就不多，但是因为几十棵老树的招邀，北方所有的鸟雀儿这里也算应有尽有。长年的顾客要算老鸹。它大概是鸦的别名，不过我没有下过考证。在南方它是不祥之鸟，在北方听说它有什么神话传说保护它，所以它虽然那样地"语言无谓，面目可憎"，却没有人肯剿灭它。它在鸟类中大概是最爱叫苦爱吵嘴的。你整年都听它在叫，但是永远听不出一点叫声是表现它对于生命的欣悦。在天要亮未亮的时候，它叫得特别起劲，它仿佛拼命地不让你享受香甜

067

的晨睡，你不醒，它也引你做惊惧梦。我初来时曾买了弓弹去射它，后来弓坏了，弹完了，也就只得向它投降。反正披衣冒冷风起来驱逐它，你也还是不能睡早觉。老鸹之外，麻雀甚多，无可记载。秋冬之季常有一种颜色极漂亮的鸟雀成群飞来，形状很类似画眉，不过不会歌唱。宗岱在此时硬说它来有喜兆，相信它和他请铁板神算家所批的八字都预兆他的婚姻恋爱的成功，但是他的讼事终于是败诉，他所追求的人终于是高飞远扬。他搬走以后，这奇怪的鸟雀到了节令仍旧成群飞来。鉴于往事，我也就不肯多存奢望了。

有一位朋友的太太说慈慧殿三号颇类似《聊斋志异》中所常见的故家第宅，"旷废无居人，久之蓬蒿渐满，双扉常闭，白昼亦无敢入者……"，但是如果有一位好奇的书生在月夜里探头进去一看，会瞟见一位散花天女，嫣然微笑，叫他"不觉神摇意夺"，如此等情……我本凡胎，无此缘分，但是有一件"异"事也颇堪一"志"。有一天晚上，我躺在沙发上看书，凌坐在对面的沙发上共着一盏灯做针线，一切都沉在寂静里，猛然间听见一位穿革履的女人滴滴搭搭地从外面走廊的砖地上一步一步地走进来。我听见了，她也听见了，都猜着这是沉樱来了，——她有时踏这种步声走进来。我走到门前掀帘子去迎她，声音却没有了，什么也没有看见。后来再四推测所得的解释是街上行人的步声，因为夜静，虽然是很远，听起来就好像近在咫尺。这究竟很奇怪，因为我们坐的地方是在一个很空旷的园子里，离街很远，平时在房子里绝对听不见街上行人的步声，而且那次听见步声分明是在走廊的砖地上。这件事常存在我的心里，我仿佛得到一种启示，觉得我在这城市中所听到的一切声音都像那一夜所听到的步声，听起来那么近，而实在却又那么远。

(载《论语》第 94 期，1936 年 8 月)

后门大街
——北平杂写之二

人生第一乐趣是朋友的契合。假如你有一个情趣相投的朋友居在邻近,风晨雨夕,彼此用不着走许多路就可以见面,一见面就可以毫无拘束地闲谈,而且一谈就可以谈出心事来,你不嫌他有一点怪脾气,他也不嫌你迟钝迂腐,像约翰逊和鲍斯韦尔在一块儿似的,那你就没有理由埋怨你的星宿。这种幸福永远使我可望而不可攀。第一,我生性不会谈话,和一个朋友在一块儿坐不到半点钟,就有些心虚胆怯,刻刻意识到我的呆板干枯叫对方感到乏味。谁高兴向一个只会说"是的","那也未见得"之类无谓语的人溜嗓子呢?其次,真正亲切的朋友都要结在幼年,人过三十,都不免不由自主地染上一些世故气,很难结交真正情趣相投的朋友。"相识满天下,知心能几人?"虽是两句平凡语,却是慨乎言之。因此,我唯一的解闷的方法就只有逛后门大街。

居过北平的人都知道北平的街道像棋盘线似的依照对称原则排列。有东四牌楼就有西四牌楼,有天安门大街就有地安门大街。北平的精华可以说全在天安门大街。它的宽大，整洁，辉煌，立刻就会使你觉到它象征一个古国古城的伟大雍容的气象。地安门（后门）大街恰好给它做一个强烈的反称。它偏僻，阴暗，湫隘，局促，没有一点可以叫一个初来的游人留恋。我住在地安门里的慈慧殿，要出去闲逛，就只有这条街最就便。我无论是阴晴冷热，无日不出门闲逛，一出门就很机械地走到后门大街。它对于我好比一个朋友，虽是平凡无奇，因为天天见面，很熟习，也就变成很亲切了。

从慈慧殿到北海后门比到后门大街也只远几百步路。出后门，一直向北走就是后门大街，向西转稍走几百步路就是北海。后门大街我无日不走，北海则从老友徐中舒随中央研究院南迁以后（他原先住在北海），我每周至多只去一次。这并非北海对于我没有意味，我相信北海比我所见过的一切园子都好，但是北海对于我终于是一种奢侈，好比乡下姑娘的唯一的一件漂亮衣，不轻易从箱底翻出来穿一穿的。有时我本预备去北海，但是一走到后门，就变了心眼，一直朝北去走大街，不向西转那一个弯。到北海要买门票，花二十枚铜子是小事，免不着那一层手续，究竟是一种麻烦；走后门大街可以长驱直入，没有站岗的向你伸手索票，打断你的幻想。这是第一个分别。在北海逛的是时髦人物，个个是衣裳楚楚，油头滑面的。你头发没有梳，胡子没有光，鞋子也没有换一双干净的，"囚首垢面而谈诗书"，已经是大不韪，何况逛公园？后门大街上走的尽是贩夫走卒，没有人嫌你怪相，你可以彻底地"随便"。这是第二个分别。逛北海，走到"仿膳"或是"漪澜堂"的门前，你不免想抬头看看那些喝茶的中间有你的熟人没有，但是你又怕打招呼，怕那里有你的熟人，故意地低着头匆匆地走过去，像做了什么坏事似的。在后门大街上你准碰不见一个熟人，虽然常见到彼此未通过姓名的熟面孔，也各行其便，用不着打无味的招呼。你可以尽量地饱尝着"匿名者"(incognito)的心中一点自由而诡秘的意味。这是第三个分别。因为这些缘故，我老是牺牲北海的朱梁画栋和香荷绿柳而独行踽踽于后门大街。

到后门大街我很少空手回来。它虽然是破烂，虽然没有半里路长，却有十几家古玩铺，一家旧书店。这一点点缀可以见出后门大街也曾经过一个繁华时代，阅历过一些沧桑岁月，后门旧为旗人区域，旗人破落了，后门也就随之破落。但是那些破落户的破铜破铁还不断地送到后门的古玩铺和荒货摊。这些东西本来没有多少值得收藏的，但是偶尔遇到一两件，实在比隆福寺和厂甸的便宜。我花过四块钱买了一部明初拓本《史晨碑》，六块钱买了二十几锭乾隆御墨，两块钱买了两把七星双刀，有时候花几毛钱买一个磁瓶，一张旧纸，或是一个香炉。这些小东西本无足贵，但是到手时那一阵高兴实在是很值得追求，我从前在乡下时学过钓鱼，常蹲半天看不见浮标幌影子，偶然钓起来一个寸长的小鱼，虽明知其不满一咽，心里却非常愉快，我究竟是钓得了，没有落空。我在后门大街逛古董铺和荒货摊，心情正如钓鱼。鱼是小事，钓着和期待着有趣，钓得到什么，自然更是有趣。许多古玩铺和旧书店的老板都和我由熟识而成好朋友。过他们的门前，我的脚不由自主地踏进去。进去了，看了半天，件件东西都还是昨天所见过的。我自己觉得翻了半天还是空手走，有些对不起主人；主人也觉得没有什么新东西可以卖给我，心里有些歉然。但是这一点不尴尬，并不能妨碍我和主人的好感，到明天，我的脚还是照旧地不由自主地踏进他的门，他也依旧打起那副笑面孔接待我。

后门大街龌龊，是无用讳言的。就目前说，它虽不是贫民窟，一切却是十足的平民化。平民的最基本的需要是吃，后门大街上许多活动都是根据这个基本需要而在那里川流不息地进行。假如你是一个外来人在后门大街走过一趟之后，坐下来搜求你的心影，除着破铜破铁破衣破鞋之外，就只有青葱大蒜，油条烧饼，和卤肉肥肠，一些油腻腻灰灰土土的七三八四和苍蝇骆驼混在一堆在你的昏眩的眼帘前幌影子。如果你回想你所见到的行人，他不是站在锅炉旁嚼烧饼的洋车夫，就是坐在扁担上看守大蒜咸鱼的小贩。那里所有的颜色和气味都是很强烈的。这些混乱而又秽浊的景象有如陈年牛酪和臭豆腐乳，在初次接触时自然不免惹起你的嫌恶；但是如果你尝惯了它的滋味，它对于你却有一种不可抵御的引诱。

别说后门大街平凡，它有的是生命和变化！只要你有好奇心，肯乱窜，在这不满半里路长的街上和附近，你准可以不断地发现新世界。我逛过一年以上，才发见路西一个夹道里有一家茶馆。花三大枚的水钱，你可以在那儿坐一晚，听一部《济公传》或是《长板坡》。至于火神庙里那位老拳师变成我的师傅，还是最近的事。你如果有幽默的癖性，你随时可以在那里寻到有趣的消遣。有一天晚上我坐在一家旧书铺里，从外面进来一个跛子，向店主人说了关于他的生平一篇可怜的故事，讨了一个铜子出去，我觉得这人奇怪，就起来跟在他后面走，看他跛进了十几家店铺之后，腿子猛然直起来，踏着很平稳安闲的大步，唱"我好比南来雁"，沉没到一个阴暗的夹道里去了。在这个世界里的人们，无论他们的生活是复杂或简单，关于谁你能够说，"我真正明白他的底细"呢？

一到了上灯时候，尤其在夏天，后门大街就在它的古老躯干之上尽量地炫耀近代文明。理发馆和航空奖券经理所的门前悬着一排又一排的百支烛光的电灯，照像馆的玻璃窗里所陈设的时装少女和京戏名角的照片也越发显得光彩夺目。家家洋货铺门上都张着无线电的大口喇叭，放送京戏鼓书相声和说不尽的许多其它热闹玩艺。这时候后门大街就变成人山人海，左也是人，右也是人，各种各样的人。少奶奶牵着它的花簇簇的小儿女，羊肉店的老板扑着他的巴［芭］蕉叶，白衫黑裙和翻领卷袖的学生们抱着膀子或是靠着电线杆，泥瓦匠坐在阶石上敲去旱烟筒里的灰，大家都一齐心领神会似的在听，在看，在发呆。在这种时会,后门大街上准有我;在这种时会,我丢开几十年教育和几千年文化在我身上所加的重压,自自在在地沉没在贤愚一体,皂白不分的人群中,尽量地满足牛要跟牛在一块,蚂蚁要跟蚂蚁在一块那一种原始的要求。我觉得自己是这一人群人中的一个人,我在我自己的心腔血管中感觉到这一大群人的脉膊[搏]的跳动。

后门大街。对于一个怕周旋而又不甘寂寞的人,你是多么亲切的一个朋友!

此文曾登过《武汉日报·现代文艺》,因该报阅者限于一个区域,原文刊的错字又太多,所以拿它来替《论语》填空白。

作者记

(载《论语》第101期,1936年12月)

露　宿

　　由平到津的车本来只要走两三点钟就可达到,我们那天——八月十二日,距北平失陷半月——整整地走了十八个钟头。晨八时起程,抵天津老站已是夜半。原先我们听人说,坐上外国饭店的车就可以闯进租界,可是那一天几家外国饭店的汽车绝对不肯通融,私车人力车乃至于搬夫是一概没有。车站距法租界还有一里路左右,这条路在夜间无人辨出。我们因为找车耽搁了时间,已赶不上跟大队人马走。走出了车站就算逃出了恐怖窟,所以大家走得快,车上那样多的人,一霎儿都散开不见了。我们路不熟,遥遥望着前面几个人影子走,马路两旁站着预备冲锋似的日本兵,刺刀枪平举在手里,大有一触即发之势。我们的命就悬在他们的枪口刀锋之上,稍不凑巧,拨剌一声,便完事大吉。没有走上几步路,就有五六个日本兵拦路吼的一声,叫我们站住。我们一行四人,我以外有杨希声上官碧和黄子默,都说不上强壮,手里都提着一个很沉重的行李箱走得喘不过气来。听到日本兵一吼,落得放下箱子喘一口气。上官碧是当过兵,走过江湖的,箱子一放下,就把两手平举起来，他知道对付拦路打劫的强盗例应如此。在这样姿势中他让日本兵遍身捏了一捏，自动地把袋里一个小皮包送过去，用他本有的温和的笑声说：我"们没有带什么，你看。包"里所藏的原来是他预备下以后漂泊用的旅费和食粮，其它自然没有什么可搜。书！知识分子的标记——自然不便带，连名片也难免惹祸事，几个通信地址是写在草纸上藏在衣角里的。

通过了这一关，我们走到万国桥。中国界与法租界相隔一条河，万国桥就跨在这条河上。桥这边是阴森恐怖，桥那边便是辉煌安逸。冲进租界么？没有通行证，回到车站么？那森严的禁卫着实是面目狰狞，既出了虎口自然犯不着再入虎口。到被占领的地带歇店么？被敌兵拷问是没有人替你叫冤的。于是我们五六百同难者，除了少数由亲友带通行证接进租界去者以外，就只有在万国桥头的长堤上和人行道上露宿。这到底还是比较安全的地方，桥头站着几个法国巡捕。在他们的目光照顾之下，我们似乎得到一种保障。

时间是夜半过了。天上薄云流布，看不见星月。河里平时应该有货船和鱼船，这时节都逃难去了，只留着一河死水，对岸几只电灯的倒影，到了下半夜也显得无神采了。白天里在车上闷热了一天，难得这露天里一股清凉气。但是北方的早秋之夜就寒得彻骨，我们还是穿着白天里所穿的夏衣。起初下车出站时照例有喧哗嘈杂，各人心里都有几分兴奋。后来有亲友来接的进租界去了，不能进租界的也只好铺下毯子或大衣在人行道上躺起了，寒夜的感觉，别离的感觉和流亡的感觉就都来临了。

夜，沉闷，却并不寂静，隐隐约约的炮声常从南面传来，在数十里路之外，我们的兵还在反攻，谣传一两天之内就有抢夺天津车站的企图。这几天敌军的调动异常忙碌，他们出营回营都必须经过万国桥。我们躺在堤上和人行道上，中间的马路是专为他们走的，有时堤上和人行道上的"难民"互通消息,须得穿过这马路。敌兵快要来了,中国警察——那时警察还是中国人——就执着鞭子——他们没有枪——咆哮着驱逐过路的人,像赶牛赶猪似的。兵经过之前,"难民"中若是有一个人伸一伸腰干,甚至于抬一窶儿头,警察便用鞭子指着他责骂一阵。从前皇帝出巡时,沿途警辟,声势想系如此。敌军过去了,警察们用半似解释半似恫吓的口吻向我们说:"都是中国人,哪有不相卫护,诸位不知道,他们不是好惹的,若是抓了去,说不定就要送性命。"这一夜中一直到天明我们离开万国桥时为止,敌军来来往往,川流不息。有从前方开回来的伤兵。他们坐的大半是大兵车,上面蒙着油布,下面说不定还有尸体,露头面到油布外面来看的大半是用白布捆着头或手臂的。开赴前方的队伍很整秩,但是异常匆忙。步兵跟着马兵一齐跑,辎兵有许多用双手把子弹箱擎在肩上跟着步兵一齐跑。他们不出声息,面部也丝毫没有表情,像一大群机器人,挺着脖子向前闯。

到了两三点钟的时候,警察告诉我们,日本兵要来盘问一阵,叫我们千万别说自己是教员学生,最好说做生意,这一来我们须得乔装,在众目昭彰之下,乔装是不可能的。我们四人之中杨希声最易惹注意,他是山东大汉,又穿着一身颇讲究的西装。我呢,穿着我常穿的一件灰布大褂,上官碧也只穿一件古铜色的旧绸袍,到必要时摘下眼镜,都可以冒充一个商店伙计,我们打算好的,招认我们是徽州笔墨商。黄子默本是银行经理,没有问题。只杨希声的那套西装太尴尬,我们都很埋怨他。办法终于是有的,就说他是黄经理的帮办吧。这只还是一场虚惊。敌军随便挑问几个人,也带了几个人去。我们幸而没有被光顾。

我们头一夜就没有睡觉,在闷,热,臭的车中枯坐了十八个钟头,饭没有吃,水没有喝。露宿时本打算胡乱的睡一觉,可是并没有瞌睡,大家只是不断地抽烟,烟越抽,口里越渴燥。上官碧带了两个橙子,四个人分吃,不济事。巡警打了几桶冷水来,人多,一轰而尽。渴还是小事,天老是不亮,亮后又怎样办呢？黄经理自以为有把握,只等天亮打电话叫租界里朋友来接就行了。许多同难者都说租界里只在夜间戒严,天亮时他们自然会让我们进去。上官碧本来事事乐观,杨希声更是好整以暇的绅士,都以为天一亮就有办法。天果然亮了,问电话,华界与租界的电线已断。眼看同难者一批一批地被亲友接进租界去,我们向法国巡警交涉,没有通行证就不能通行,话说得非常干脆。这时候黄经理也没有把握了,上官碧也不乐观了,杨希声的绅士风度也完全消失了,我呢,老是听天由命。大家面面相觑,着急,打没有主意的主意,懊悔不该离北平。天不绝无路之人,有一个同行者替我们带了口信给住在六国饭店的钱端公。若不是钱端公拿通行证来接,说不定第二夜我们还是在万国桥头作难民,或是抓到日本宪兵司令部里去。第二夜下泼瓢大雨,北平来的学生被抓去的有几十人之多。

(载《工作》第2期,1938年4月)

花　会

> 紫陌红尘拂面来，无人不道看花回。
>
> ——刘禹锡

　　成都整年难得见太阳，全城的人天天都埋在阴霾里，像古井阑的苔藓，他们浑身染着地方色彩，浸润阴幽，沉寂，永远在薄雾浓云里度过他们的悠悠岁月。他们好闲，却并不甘寂寞，吃饭，喝茶，逛街，看戏，都向人多的处所挤。挤来挤去，左右不过是那几个地方。早上坐少城公园的茶馆，晚上逛春熙路，西东大街以及满街挂着牛肉的皇城壩，你会想到成都人没有在家里坐着的习惯，有闲空总得出门，有热闹总得挨凑进去。成都人的生活可以说是"户外的"，但是同时也是"城里的"。翻来覆去，总跳不出这个城圈子。五十万的人口，几十方里的面积，形成一种大规模的蜂巢蚁穴。所以表面看来，车如流水马如龙，无处不是骚动，而实际上这种骚动只是蛰伏式的蠕动，像成都一位老作家所说的"死水微澜"。

花会时节是成都人的惊蛰期。举行花会的地方是西门外的青羊宫。这座大道观据说是从唐朝遗留下来的。花会起于何朝何代，尚待考据家去推断，大概来源也很早。成都的天气是著名的阴沉，但在阳春三月，风光却特别明媚。春来得迟，一来了，气候就猛然由温暖而热燥，所以在其它地带分季开放的花卉在成都却连班出现。梅花茶花没有谢，接着就是桃杏，桃杏没有谢，接着就是木槿建兰芍药。在三月里你可以同时见到冬春夏三季的花。自然，最普遍的花要算菜花。成都大平原纵横有五六百里路之广。三月间登高一望，视线所能达到的地方尽是菜花麦苗，金黄一片，杂以油绿，委实是一种大观。在太阳之下，花光草色如怒火放焰，闪闪浮动，固然显出山河浩荡生气蓬勃的景象，有时春阴四布，小风薄云，苗青鹊静，亦别有一番清幽情致。这时候成都人，无论是男女老少，便成群结队地出城游春了。

游春自然是赶花会。花会之名并不副实。陈列各种时花的地方是庙东南一个偏僻的角落。所陈列的不过是一些普通花卉，并无名品，据说今年花会未经政府提倡，没有往年的热闹，外县以及本城的名园都没有把他们的珍品送来。无论如何，到花会来的人重要目的并不在看花而在凑热闹看人。成都人究竟是成都人，丢不开那古老城市的风俗习惯。花会场所还是成都城市的具体而微。古董摊和书画摊是成都搬来的会府和西玉龙街，铜铁摊是成都搬来的东御街，著名的吴抄手在此有临时分店，临时茶馆菜馆面馆更简直都还是成都城里的那种气派。每个菜馆后面差不多都有个篾篷，一个大篾箱似的东西只留着一个方孔做门，门上挂着大红布帘。里面锣鼓喧阗，川戏，相声，洋琴，大鼓，杂耍，应有尽有。纵横不过一里的地方，除着成都城里所有的形形色色之外，还有乡下人摆的竹器木器花根谷种以至于锄头菜刀水桶烟杆之类。地方小，花样多，所以挤，所以热闹。大家来此，吃，喝，买，卖，"耍"，看，城里人来看乡下人，乡下人来看城里人，男的来看女的，女的来看男的。

好一幅仇十洲的清明上河图,虽然它所表现的不尽是太平盛世的攘往熙来的盛况。

除掉几条繁盛街道之外,成都在大体上还保存着古代城市的原始风味。舶来品尽管在电光闪烁之下惊心夺目,在幽暗僻静的街道里,铜铁匠还是用钉锤锻生铜制锅制水烟袋,织工们还是在竹框撑紧的蜀锦上一针一线地绣花绣鸟。所有的道地的工商业都还是手工品的工商业。他们的制法和用法都有很长久的传统做基础。要是为实用的,它们必定是坚实耐久;要是为玩耍的,它们必定是精细雅致。一个水桶的提手横木可以粗得像屋梁,一茎狗尾草叶可以编成口眼脚翅全具的蚱蜢或蜻蜓。只要你还保存有几分稚气,花会中所陈列的这些大大小小的物品件件都很可以使你流连。假如你像我的话,有一个好玩的小孩子,你可注意的东西就更多,风车,泥人,木马,小花篮,以及许多形形色色的小玩具都可以使你自慰不虚此行。此外,成都人古董书画之癖在花会里也可以略窥一二。老君堂的里外前后的墙壁都挂满着字画,台阶上都摆满着碑帖。自然,像一般的中国人,成都人也很会制造假古董,也很喜欢买假古董。花会之盛,这也是一个原因。

花会之盛还另有一个原因,就是在一般人心理中,青羊宫里所供奉的那位李老君是神通广大的道教祖。青羊者据说是李老君西升后到成都显圣所骑的牲畜。后人记念这个圣迹,立祠奉祀。于今青羊宫正殿里还有两头青铜铸成的羊子,一牝一牡,牝左牡右。单讲这两匹羊的形样,委实是值得称赞的艺术品。到花会的人少不得都要摸一摸这两匹羊。据说有病的人摸它们一摸,病就会自然痊愈。摸的地方也有讲究,头病摸头脚病摸脚,错乱不得。古往今来病头病脚以及病非头非脚的地方者大概不少,所以于今这两匹羊周身被摸得精光。羊尚如此,老君本人可知,于是老君堂上满挂着前朝巡抚提督现代省长督军亲书或请人代书的匾额。金光四耀,煞是妙相庄严,到此不由人不肃然起敬,何况青羊宫门坎之高打破任何记录！祈财，祈子，祈福，祈寿，祈官，都得爬过这高门坎向老君进香。爬这高门坎的身手不同，奇态便不免百出。七八十岁的老太太须得放下拐杖，用双手伏在门坎上，然后徐徐把双脚迈过去。至于摩登小姐也有提起旗袍叉口，一大步就迈过去的。大殿上很整秩地摆着一列又一列的棕制蒲团。跪在蒲团上捧香默祷的有乡下老，有达官富商，也有脚踏高跟皮鞋襟口挂着自来水笔的摩登小姐，如上文所云一大步就迈过门户坎的。在这里新旧两代携手言欢，各表心愿。香炉之旁，例有钱桶。花会时钱桶易满。站在香炉旁烧香的道士此时特别显得油光滑面，喜笑颜开。"临邛道士鸿都客，能以精诚致魂魄"，此风至今未泯也。

成都素有小北平之称。熟习北平的人看到花会自然联想到厂甸的庙会，它们都是交易，宗教，游玩打成一片的。单就陈列品说，厂甸较为丰富精美，但是就天时与地利说，成都花会赶春天在乡村举行，实在占不少的便宜。逛花会不尽是可以凑热闹，买玩艺儿，祈财求子，还可以趁风和日暖的时候吐一吐城市的秽浊空气，有如古人的修禊，青羊宫本身固然也不很清洁，那里人山人海中的空气也不见得清新。可是花会逛过了，沿着城西郊马路回城，或是刚出城时沿着城西郊赴花会，平畴在望，清风徐来，路右边一阵又一阵的男男女女带着希望去，左边一阵又一阵的男男女女提着风车或是竹篮回来，真所谓"无边光景一时新"，你纵是老年人，也会觉得年轻十岁了。人过中年，难得常有这样少年的兴致。让我赞美这成都花会啊！

（载《工作》第 4 期，1938 年 5 月）

回忆二十五年前的香港大学

看过《伊利亚随笔集》的人看到这个题目，请不要联想到兰姆的《三十五年前的基督慈幼学校》那篇文章①。我没有野心要模拟那种不可模拟的隽永风格。同学们要出一个刊物，专为同学们自己看，把对于母校的留恋和同学间的友谊在心里重温一遍，这也是一种乐趣。我的意思也不过趁便闲谈旧事，聊应通信，和许多分散在天涯海角的朋友们至少可以在心灵上多一次会晤。写得好坏，那是无关重要的。

第一次欧战刚刚完结，教育部在几个高等师范学校里选送了二十名学生到香港大学去学教育，我是其中之一。当时政府在北京，我们二十人虽有许多不同的省籍，在学校里却通被称为"北京学生"。"北京学生"在学校里要算一景。在洋气十足的环境中，我们带来了十足的师范生的寒酸气。人们看到我们有些异样，我们看人们也有些异样。但是大的摩擦却没有。学会容忍"异样"的人就受了一种教育，不能容忍"异

---

① Charles Lamb: *Essays of Elia*; *Christ Hospital 35 Years Ago*.

样"的人见了"异样"增加了自尊感，不能受"异样"同化的人见了"异样"，也增加了对于人世的新奇感。所以港大同学虽有四百余人，因为各种人都有，色调很不单纯，生活相当有趣。

我很懊悔，这有趣的生活我当时未能尽量享受。"北京学生"大抵是化外之民，而我尤其是像在鼓里过日子，一般同学的多方面的活动我有时连作壁上观的兴致也没有。当时香港的足球网球都很负盛名，这生来与我无缘。近海便于海浴，我去试了二三次，喝了几口咸水，被水母咬痛了几回，以后就不敢再去问津了。学校里演说辩论会很多，我不会说话，只坐着望旁人开口。当时学校里初收容女生，全校只有何东爵士的两个女儿欧文小姐和伊琳小姐两人，都和我同班，我是若无其事，至少我不会把她们当女子看待。广东话我不会说，广东菜我没有钱去吃，外国棋我不会下，连台球我也不会打。同学们试想一想，有了这一段自供，我的香港大学生的资格不就很有问题么？

读书我也不行。从高等师范国文系来的英文自然比不上好些生来就只说英文的同学。记得有一次作文，里面说到坐人力车和骑马都不是很公平的事，被一位军官兼讲师的先生痛骂了一场。有一夜生了病，第二天早晨浮斯特教授用当时很称新奇的方法测验智力，结果我是全班中倒数第一，其低能可想而知。但是我在学校里和朱跌苍和高觉敷有 three wise men 的诨号。wise men（哲人）自然是 queer fish（怪物）的较好听的代名词。当时的同学大约还记得香港植物园的一件值得注意的事，常见三位老者，坐在一条凳上晒太阳，度他们悠闲的岁月。朱高两人和我形影相伴，容易使同学们联想到那三位老者，于是只有那三位老者可以当的尊号就落到我们三位"北京学生"的头上了。

我们三人高矮差不多，寒酸差不多，性情兴趣却并不相同，往来特别亲密的缘故是同是"北京学生"，同住梅舍（May Hall），而又同有午后散步的习惯。午后向来课少，我们一有闲空，便沿着梅舍从小径经过莫

083

理孙舍(Morrison Hall)向山上走,绕几个弯,不到一小时就可以爬上山顶。在山顶上望一望海,吸一口清气,对于我成了一种瘾,除掉夏初梅雨天气外,香港老是天朗气清,在山顶上一望,蔚蓝的晴空笼照着蔚蓝的海水,无数远远近近的小岛屿上耸立着青葱的树林,红色白色的房屋,在眼底铺成一幅幅五光十彩的图案。霎时间把脑袋里一些重载卸下,做一个"空空如也"的原始人,然后再循另一条小径下山,略有倦意,坐下来吃一顿相当丰盛的晚餐。香港大学生的生活最使我留恋的就是这一点。写到这里,我鼻孔里还嗅得着太平山顶晴空中海风送来的那一股清气。

我瞑目一想,许多旧面目都涌现到面前。终年坐在房里用功,虔诚的天主教徒郭开文,终年只在休息室里打棒球下棋,我忘记了姓名只记得诨号的"棋博士",最大的野心在娶一个有钱的寡妇的姚医生,足球领队的黄天锡,辩论会里声音嚷得最高的非洲人,睐眼的日本人,我们送你一大堆绰号的四川人 Mr Collins①,一天喝四壶开水的"常识博士",我们"北京学生"让你领头,跟着你像一群小鸡跟着母鸡去和舍监打交涉的 Tse Foo(朱复),梅舍的露着金牙齿微笑的 No One(宿舍里的斋夫头目)……朋友们,我还记得你们,你们每一个人都曾经做过我开心时拿来玩味的资料,于今让我和你们每一个人隔着虚空握一握手!

老师们,你们的印象更清晰。在教室里不丢雪茄的老校长爱理阿特爵士,我等待了四年听你在课堂指导书里宣布要讲的中国伦理哲学,你至今还没有讲,尽管你关于"佛学"的巨著曾引起我的敬仰。还有天气好你就来,天气坏你就回英国,像候鸟似的庞孙倍芬先生,你教我们默写和作文,把每一个错字都写在黑板上来讲一遍,我至今还记得你的仁慈和忍耐。工科教授勃朗先生,你不教我的课,也待我好,我记得你

---

① Collins:英国女小说家简·奥斯丁的《傲慢与偏见》中一个可笑的角色。

有规律的生活,我到苏格兰,你还差过你的朋友一位比利时小姐来看我,你托她带给我的那封长信我至今似乎还没有回。提起信,我这不成器的老欠信债的学生,你,辛博森教授,更有理由可以责备我。但是我的心坎里还深深映着你的影子。你是梅舍的舍监,英国文学教授,我的精神上的乳母。我跟你学英诗,第一次读的是《古舟子咏》我自己看第一遍时,那位老水手射死海鸟的故事是多么干燥无味而且离奇可笑,可是经过你指点以后,它的音节和意象是多么美妙,前后穿插安排是多么妥贴!一个艺术家才能把一个平凡的世界点染成为一个美妙的世界,一个有教书艺术的教授才能揭开表面平凡的世界,让蕴藏着美妙的世界呈现出来。你对于我曾造成这么一种奇迹。我后来进过你进过的学校——爱丁堡大学——就因为我佩服你。可是有一件事我忘记告诉你,你介绍我去见你太太的哥哥,那位蓝敦大律师,承他很客气,再三嘱咐我说:"你如果在法律上碰着麻烦,请到我这里来,我一定帮助你",我以后并没有再去麻烦他。

最后,我应该特别提起你,奥穆先生,你种下了我爱好哲学的种子。你至今对于我还是一个疑谜。牛津大学古典科的毕业生,香港法院的审判长,后来你回了英国,据郭秉和告诉我,放下了独身的哲学,结了婚,当了牧师。你的职业始终对于你是不伦不类。你是雅典时代的一个自由思想者,落在商业化的大英帝国,还缅想柏拉图、亚理斯多德在学园里从容讲学论道的那种生活,我相信你有一种无可告语的寂寞。你在学校里讲课不领薪水,因为教书拿钱是苏格拉底所鄙弃的。你教的是伦理学,你坚持要我们读亚理斯多德,我们瞧不起那些古董,要求一种简赅明瞭的美国教科书。你下课时,我们跟在你后面骂你,虽是隔着一些路,却有意"使之闻之",你摆起跛腿,偏着头,若无其事地带着微笑向前走。校里没有希腊文的课程,你苦劝我到你家里去跟你学,用汽车带我去你家学,我学了几回终于不告而退。这两件事我于今想起,面孔还要发烧。可是我可以告诉你,由于你的启发,这二十多年来我时常在希腊文艺与哲学中吸取新鲜的源泉来支持生命。我也会学你,想尽我一点微薄的力量,设法使我的学生们珍视精神的价值。可是我教了十年的诗,还没有碰见一个人真正在诗里找到一个安顿身心的世界,最难除的是腓力斯人(庸俗市民)的根性。我很惭愧我的无能,我也开始了解到你当时的寂寞。写到这里,我不免有些感伤,不想再写下去,许多师友的面孔让我留在脑里慢慢玩味吧!香港大学,我的慈母,你呢,于今你所哺的子女都星散了,你那山峰的半腰,像一个没有鸟儿的空巢(当时香港被日本人占领了),你凭视海水嗅到腥臭,你也一定有难言的寂寞!什么时候我们这一群儿女可以回巢,来一次大团聚呢?让我们每一个人遥祝你早日恢复健康与自由!

四十三年春天嘉定武汉大学

(载《文学创刊》第3卷第1期,1944年5月)

敬悼朱佩弦先生

在文艺界的朋友中，我认识最早而且得益也最多的要算佩弦先生。那还是民国十三年夏季，吴淞中国公学中学部因江浙战事停顿，我在上海闲着，夏丏尊先生邀我到上虞春晖中学去教英文。当时佩弦先生正在那里教国文。学校范围不大，大家朝夕相处，宛如一家人。佩弦和丏尊，子恺诸人都爱好文艺，常以所作相传视。我于无形中受了他们的影响，开始学习写作。我的第一篇处女作《无言之美》，就是丏尊、佩弦两位先生鼓励之下写成的。他们认为我可以作说理文，就劝我走这一条路。这二十余年来我始终抱着这一条路走，如果有些微的成绩，就不能不归功于他们两位的诱导。

当时春晖中学的一批朋友相处不算很久，可是在短促的时间里，大家奠定了很长久的交谊。有两件事业都是由此产生出来的。一是立达学园。我们一批年轻的教员，因为不满意春晖中学当局的独裁的作风，相约退出，由匡互生领导，在上海江湾自己创办了一个学校，叫做立达学园。我们所悬的理想是自由式的教育，特别着重启发与感化，想针对中等教育的流行的弊病加以纠正。这学校虽终于受中日战事的打击而衰落，却造就出一批有造诣的学生来，对于中等教育发生了不可忽视的影响。其次是开明书店。我们老早就觉得出版事业对于文化影响的重要，一个理想的书店应该脱离官办与商办的气味，由读书人和著书人自己来经营。由于夏丏尊、叶圣陶几位先生的努力，这计划终于实现。到现在还不过二十五年，开明书店已由一家几百元股本的小书店，一跃而为国内有数的大书店。就出书的质量来说，它胜过一切其它的大书店，对于中学学校和新文艺作者的贡献尤其大。对于这两件事业，佩弦先生和我虽不居主要的倡导者的地位，却都先后出了一些力量。佩弦先生之死，与抱病替开明书店编中学国文教本有关，对于开明可谓鞠躬尽瘁。我自己杂事太多，却未能尽全力，心里常觉歉然。

佩弦先生离开立达、开明的一批朋友是应清华大学的聘；我离开他们，是要出国读书。后来他由清华休假到欧洲去，我还在英国没有归来，在英国彼此又有一个短时期的往还。那时候，我的《文艺心理学》和《谈美》的初稿都已写成，他在旅途中替我仔细看过原稿，指示我一些意见，并且还替我做了两篇序。后来我的《诗论》初稿也送给他，由他斟酌过。我对于佩弦先生始终当作一位良师益友信赖。这不是偶然的。在我的学文艺的朋友中，他是和我相知最深的一位，我的研究范围和他的也很相近，而且他是那样可信赖的一位朋友，请他看稿子他必仔细看，请他批评他也必切切实实地批评。我的《文艺心理学》有一两章是由他的批评而完全改写过的，在序文里我已经提到这一点。

民国二十二年我回国任教北京大学，他约我在清华讲了一年《文艺心理学》，此后过从的机会就更多。在北平的文艺界朋友们常聚会讨论，有他就必有我。于今还值得提起的有两件事。一是《文学杂志》，名义上虽由我主编，实际上他和沈从文、杨金甫、冯君培诸人撑持的力量最多。这刊物因抗战停了十年，去年算是又恢复起来了。头一期就有佩弦先生的文章，但是因为他多病，文债的担负又重，我们不像从前那样容易得到他的文章。其次是朗诵会，当时朋友们都觉得语体文必须读得上口，而且读起来一要能表情，二要能悦耳，以往我们中国人在这方面太不讲究，现在要想语体文走上正轨，我们就不能不在这方面讲究，所以大家定期集会，专门练习朗诵，有时趁便讨论一般文学问题。佩弦先生对于这件事最起劲。语文本是他的兴趣中心，他随时对于一个字的用法或一句话的讲法都潜心玩索，参加过朗诵会的朋友们都还记得，他对于语体文不但写得好，而且也读得好。

抗战中我住在四川，佩弦先生虽是常住昆明，因为家眷在川，到四川去的回数很多。乱离中相见，彼此都已大不如前。他老早就有胃病，昆明教授们生活特别苦，听说他于教书以外，烧饭洗碗补衣全靠自己动手，有时竟吃冷馒头度日，他的旧病可能因此加重，他的形容确是日益消瘦憔悴。这些年来我每次看见他，都暗地替他担心。他本来是一位温恭和蔼的人，生气不算蓬勃，近来和他对面，有如对着深秋，令人起萧索之感。他多年来贫病交加，见着朋友却从来不为贫病诉苦，他有廊下派哲人的坚忍。但是贫与病显然累了他，我常感觉到他仿佛受了一种重压，压得不能自由伸展。于今他死去了，我觉得他是一直压到死的。

读过《背影》和《祭亡妻》那一类文章的人们，都会知道佩弦先生富于至性深情；可是这至性深情背后也隐藏着一种深沉的忧郁，压得他不能发扬踔厉。他的面孔老是那样温和而镇定，从来不打一个呵呵笑，叹息也是低微的。他的脸部筋肉通常是微微下沉，偶一兴奋时便微微向上提起，不多时就放下。平正严肃是他的本性。他那一套旧西装质料虽不讲究，却老是洗刷得干干净净，领结打得挺直；到他的书房里，陈设常是简单朴素，可是一几一砚都摆得齐齐整整。文人不修边幅的习气他绝对没有，行险侥幸的事他一生没有做过一件。他对人对事一向认真，守本分。在清华任教二十四年，除掉休假，他从没有放弃过他的岗位，清华国文系是他一手造成的。教课以外，他的其它活动只有写文章，编教科书，他在开明书店所出的国文教学书籍是一座相当伟大的纪念碑，今日中等学校国文教师不留心研究本行问题则已，留心研究本行问题的没有不从他那里得到益处的。他对朋友始终真诚，请他帮忙的只要他力量能办到，他没有不帮忙的。我得到他的最后一封信，是答复我托他替一位青年谋事的。事没有谋成，而他却尽了力。计算日期，他写那封信是在进医院之前不过几天，那时他的身体当然已经很坏了，还没有忘记一个朋友的一件寻常的请托。我想起自己老是压着信不复，才知道他的这种仔细当极不容易。他的生活兴趣不算很浓也不算很浅，旅行中爱看名胜，集会中爱坐着听人清谈，朋友们说起有好戏他也偶尔抽空去看看，近年来常做旧诗，胃病未发以前他也能喝几杯酒，在朋友中以酒德见称，不过分也不喧嚷。他对一切大抵都如此，乘兴而来，适可而止，从不流连忘返；他虽严肃，却不古板干枯。听过他的谈吐的人们都忘不了他的谐趣，他对于旁人的谐趣也很欣赏，不过开玩笑打趣在他只是偶然间灵机一现，有时竟像出诸有心，他的长处并不在此。就他的整个性格来说，他属于古典型的多，属于浪漫型的少；得诸孔颜的多，得诸庄老的少。

佩弦先生对于学术的贡献是多方面的，主要是文学史，尤其关于诗歌部门。朋友中有远比我较适宜的人——比如说俞平伯先生和浦江清先生——可以详谈他的学术成就，我在此不用再说，只略说他的文章。在写语体文的作家之中，他是很早的一位。语体文运动的历史还不算太长，作家们都还在各自摸索路径。较老的人们写语体文，大半从文言文解放过来，有如裹小脚经过放大，没有抓住语体文的真正的气韵和节奏；略懂西文的人们处处摹仿西文的文法结构，往往冗长拖沓，诘屈聱牙；至于青年作家们大半过信自然流露，任笔直书，根本不注意到文字问题，所以文字一经推敲，便见出种种字义上和文法上的毛病。佩弦先生是极少数人中的一个,摸上了真正语体文的大路。他的文章简洁精炼不让于上品古文,而用字确是日常语言所用的字,语句声调也确是日常语言所有的声调。就剪裁锤炼说,它的确是"文";就字句习惯和节奏说,它也的确是"语"。任文法家们去推敲它,不会推敲出什么毛病;可是念给一般老百姓听,他们也不会感觉有什么别扭。我自己好多年以来都在追求这个理想,可是至今还是嫌它可望而不可追,所以特别觉得佩弦先生的成就难能可贵。一个文学运动的最有力的推动者不是学说主张而是作品,佩弦先生的作品不但证明了语体文可以做到文言文的简洁典雅,而且向一般写语体文的人们揭示一个极好的模范。我相信他在这方面的成就是要和语体文运动史共垂久远的。

佩弦先生和我同姓,年龄相差一岁,身材大小肥瘦相若,据公共的朋友们说,性格和兴趣也颇相似。这些偶合曾经引起了不少的误会,有人疑心他和我是兄弟,有一部国文教本附载作者小传,竟把我弄成浙江人;甚至有人以为他就是我,未谋面的青年朋友们写信给他的误投给我,写信给我的误投给他,都已经不只一次,这对我是一种不应得的荣誉,他在做人和做文方面都已做到炉火纯青的地步,我至今还很驳杂,"赐也何敢望回"? 于今他已经离开人世了,生死我已久看作寻常事,可是自顾形单影只,仍不免有些感伤。回想起当年白马湖的一批朋友们,互生在抗战前就已过去,丐尊在抗战中过去,现在又短了佩弦,只有子恺、圣陶和我几个人还健在,而都已年过五十,渐就衰老。各人在不同的园地里虽然都略有建树,可是离当初所悬的理想相差都还很远,而世界前途越发迷茫混沌,大家对着都莫可如何。我想死者和生者心头是一样感觉沉重的。

(载1948年8月23日《天津民国日报》)

缅怀丰子恺老友

　　子恺是受"四人帮"残酷迫害者之一,含冤去世已一年多了。他在我心中仍然活着,他是个令人难忘的人。

　　我认识子恺还在半个世纪之前。江浙战争把我在上海教书的一个学校打垮了,夏丏尊把我介绍到浙江上虞白马湖春晖中学教英文,那里同事的有夏丏尊、朱自清和丰子恺等人,我们课余闲暇时经常在一起吃酒聊天,我至今还记得子恺酒后面红耳赤,欣然微笑,一团和气的风度,这时他总爱拈一张纸乘兴作几笔漫画,画成就自己制成木刻,让我们传观,我们看到都各自欣赏,很少发议论,加评语。当时我们向往教育自由,为着实现自己的理想,不久就相继跑到上海去创办一所立达学园和一所开明书店,并筹办一个以中学生为对象的刊物《一般》。我们白手起家,经常欣然微笑逍闲自在的子恺也积极参加筹备工作,我才看出他不只是个画家,而且也是肯实干的热心人。但是在繁忙中只要有片刻闲暇,我们还保持嚼豆腐干下酒谈天的老习惯,子恺也没有忘记他的漫画和木刻,我常用"清"、"和"两个字来概括子恺的人品,但是他胸有城府,和"而不流"。他经常在欣然微笑,无论是对知心的朋友,对幼小的儿女,还是对自己的漫画和木刻,他老是那样浑然本色,无爱无嗔,既好静而又好动,没有一点世故气。他是弘一法师的徒弟,在人品和画品两方面都受到弘一的熏陶。我在白马湖时,弘一也来偶尔看望他。他曾一度随弘一持佛法吃素。抗日战争胜利后,弘一去世,子恺还不远千里由贵州跑到四川嘉定请马一浮为他的老师作传。当时我也在嘉定,乱离中久别重逢,他还是欣然一笑。我从此体会到他对老师情谊之深挚。解放后不久,他和我都当了政协委员,他每逢开会来京,相见仍是"欣然微笑",可是最后一次他的健康和兴致都已不如从前,尽管我们两人是同年,他的"黄昏思想"已比我浓得多了。后来他和我一样受到"四人帮"的无情打击,他的受到人民喜爱的漫画被批判得体无完肤,现在重见天日,我这个后死者只有缅怀他在世时那种忠实于艺术和忠实于师友的风度,不禁有人往风微之感而已。

我先从子恺的人品谈起,因为他的画品就是他的人品的表现。一个人须是一个艺术家才能创造出真正的艺术作品。子恺从顶至踵,浑身都是个艺术家。他的胸襟,他的言论笑貌,待人接物,无一不是艺术的,无一不是至爱深情的流露。他的漫画可分两类,一类是拈取前人诗词名句为题,例如《月上柳梢头,人约黄昏后》、《指冷玉笙寒》、《黄蜂频扑秋千索,有当时纤手香凝》之类;另一类是现实中有风趣的人物的剪影,例如《花生米不满足》、《病车》、《苏州人》之类。前一类不但有诗意而且有现实感,人是现代人,服装是现代的服装,情调也还是现代的情调;后一类不但直接来自现实生活,而且也有诗意和谐趣。两类画都是从纷纭世态中挑出人所熟知而却不注意的一鳞一爪,经过他一点染,便显出微妙隽永,令人一见不忘。他的这种画风可以说是现实主义和浪漫主义的妥贴结合。

子恺的文化教养是既广且深的。他早年学过西画,所以懂得解剖和透视。他到日本留过学,接触到日本的浮世画和日本文学,曾翻译过一些小说,晚年还译完《源氏物语》这样的巨著。不过形成他的人品和画品的主要还是中国的民族文化传统,他熟悉中国诗词,又从弘一学过书法,下过很久的功夫。他告诉我,每逢画艺进展停滞,他就练写章草或魏碑,练上一段时期之后,再回头作画,画就有些长进,墨才"入纸",用笔才既生动飞舞而又沉着稳健,不至好像飘浮在纸上。从子恺的例子我才开始懂得中国"诗画同源"和"书画同源"的道理。

子恺是近代中国的第一个漫画家和木刻家,他对画艺的功绩,将来历史会有公论。我所惋惜的是他的几十年的画稿已大半散失,仅存的只有青年书店印行的一部《子恺漫画选集》,现在在市上已不易找到。这部选集倒是选得很精,而且是由他本人进行木刻的,我希望关心漫画和木刻画的出版界领导能设法使这部选集再印出来,这不应该是件难事。

1979年

(载《艺术世界》第1期,1980年1月)

以出世的精神，做入世的事业①
——纪念弘一法师

弘一法师是我国当代我所最景仰的一位高士。一九二三年，我在浙江上虞白马湖春晖中学当教员时，有一次弘一法师曾游到白马湖访问在春晖中学里的一些他的好友，如经子渊、夏丏尊和丰子恺。我是丰子恺的好友，因而和弘一法师有一面之缘。他的清风亮节使我一见倾心，但不敢向他说一句话。他的佛法和文艺方面的造诣，我大半从子恺那里知道的。子恺转送给我不少的弘一法师练字的墨迹，其中有一幅是《大方广佛华严经》中的一段偈文，后来我任教北京大学时，萧斋斗室里悬挂的就是法师书写的这段偈文，一方面表示我对法师的景仰，同时也作为我的座右铭。时过境迁，这些纪念品都荡然无存了。

我在北平大学任教时，校长是李麟玉，常有往来，我才知道弘一法

---

① 1980年12月7日，中国佛教图书文物馆受中国佛教协会的委托，在北京法源寺举办了"弘一大师诞生一百周年书画金石音乐展"。这是作者为这次展览写的文章。——编者注

师在家时名叫李叔同,就是李校长的叔父。李氏本是河北望族,祖辈曾在清朝做过大官。从此我才知道弘一法师原是名门子弟,结合到我见过的弘一法师在日本留学时代的一些化装演剧的照片和听到过的乐曲和歌唱的录音,都有年少翩翩的风度,我才想到弘一法师少年时有一度是红尘中人,后来出家是看破红尘的。

弘一法师是一九四二年在福建逝世的,一位泉州朋友曾来信告诉我,弘一法师逝世时神智很清楚,提笔在片纸上写"悲欣交集"四个字便转入涅槃了。我因此想到红尘中人看破红尘而达到"悲欣交集"即功德圆满,是弘一法师生平的三部曲。我也因此看到弘一法师虽是看破红尘,却绝对不是悲观厌世。

我自己在少年时代曾提出"以出世精神做入世事业"作为自己的人生理想,这个理想的形成当然不止一个原因,弘一法师替我写的《华严经》偈对我也是一种启发。佛终生说法,都是为救济众生,他正是以出世精神做入世事业的。入世事业在分工制下可以有多种,弘一法师从文化思想这个根本上着眼。他持律那样谨严,一生清风亮节会永远严顽立懦,为民族精神文化树立了丰碑。

中日两国在文化史上是分不开的,弘一法师曾在日本度过他的文艺见习时期,受日本文艺传统的影响很深,他原来又具有中国传统文化的陶冶。我默祝趁这次展览的机会,日本朋友们能回溯一下日本文化传统对弘一法师的影响,和我们一起来使中日交流日益发挥光大。

载《弘一法师》(中国佛教协会编,文物出版社 1984 年 10 月版)

回忆上海立达学园和开明书店

一九二二年夏天我在香港大学毕业后，就到上海吴淞中国公学中学部教英文，才开始接触到"五四"运动在知识分子中间的巨大影响以及左右两派在政治、文艺和教育等问题上的激烈斗争。我听过李大钊、恽代英诸位先烈的讲话，我还在当时由左派支持的上海大学里兼课，和左派青年也有些来往。我因受过长期的封建教育和帝国主义教育，一时还不能转过弯来，总的说来，我在不满现状方面和进步青年是心连心的，但由于清高的幻想妨碍我参加党派斗争。不多时，中国公学中学部在江浙战争中被摧毁了，我由文艺界老友夏丏尊先生的介绍，转到浙江上虞白马湖春晖中学。在短短的几个月之中，我结识了后来对我影响颇深的匡互生、朱自清和丰子恺几位好友。匡互生是春晖中学的教务主任，他和无政府主义者有些来往，特别维护教育的民主自由，而春晖中学校长是国民党的中央委员，作风有些专制。匡互生向校长建议改革（其中有让学生有发言权、男女同校等），被校长断然拒绝了。匡互生就愤而辞去教务主任职，掀起了一场风潮。我对匡互生深表同情，就跟他采取毅然决然的态度，离开春晖中学跑到上海另谋出路。离白马湖时有一批同情我们的学生到车站挽留我们，挽留不住，就跟我们一同跑到上海。到了上海之后，有一批教师例如周为群、刘薰宇、丰子恺、夏丏尊等人也陆续转到上海。原在上海的一批文化界朋友，例如胡愈之、周予同、刘大白、陈之佛、夏衍、章锡琛等也陆续参加进来，组成了一个立达学会。我们商定办一所立达学园。先在上海老西门黄家阙租了几间破房子马上开课，同时在江湾筹建校舍。我们都是些穷书生，白手起家办学校，其艰难是可想而知的。为着筹经费和争取社会支持，我曾陪匡互生找过上海的湖南大资本家聂芸台，文化界要人吴稚晖，还专程跑到北京找过当时的教育部长易培基和教育部参事黎锦熙。

不久，江湾校舍建成了，我们就迁到江湾，以立达学会的名义宣布了创办立达学园的宗旨。这份宣言是在匡互生授意下由我执笔的，公开提出了教育独立自由的主张。叫做"立达"也有深意，来源于儒家"己欲立而立人，己欲达而达人"两句话。"立"指脚跟站得稳，或立场坚定，"达"指通情达理，行得通。在"立"与"达"两方面，"人"与"己"有互相因依的关系，"成己"而后能"成物"，做到成物也才能真正地成己。这是"解放全人类才能真正地解放自己"这一深刻的辩证思想的朴素表达方式，我们当时对马克思主义当然还茫然无知。叫做"学园"而不叫做"学校"，是要标明我们的"学园"不同于当时一般的学校。这个词当然联想到希腊的"柏拉图学园"的自由讨论的风气，但是更切实的意义是把青年当作幼苗来培养和爱护，使他们得到正常的健康的成长。此外，我们还有教育与劳动相结合的用意，准备由学园师生开垦一个农场，后来这个愿望也实现了。立达学园附近有一所劳动大学，这二者是有直接联系的，主持人都是无政府主义者。

立达学园的教育自由的思想和作风，在当时北洋军阀淫威专制令人窒息的情况下，传播了一股新鲜空气，所以对进步青年有很大的吸引力,他们都争先恐后地来就学。在一些辛勤的园丁培养之下,他们之中有不少人后来在各自的岗位上成了无名英雄。例如现在主持浙江省文联的黄源同志,他以研究鲁迅闻名,在文化界做过不少工作。黄源同志和我几十年阔别之后,去年在文代会上重逢,还亲热地呼我为"老师",其实他自己也已七十六岁了,我比他还够不上"十年以长"。他叫我"老师",我既感到惭愧,又感到欢喜,这是一个老园丁的至上酬劳。

立达学会同人还筹办了开明书店。我们的目的是争取青年中学生,因为他们是社会中坚。所以开明书店从开办之日起就以青年为主要对象。我们首先出版了一种刊物,先叫《一般》,后改称《中学生》。在编辑方面出力最多的是夏丏尊和叶圣陶。"开明"就是"启蒙",这个名称多少也受了法国百科全书派启蒙运动的影响。《中学生》这个刊物当时是最受欢迎的,除介绍一般科学知识和发表文艺作品之外,夏丏尊和叶圣陶两位主编特别重视语文教育方面的问题,曾特辟"文章病院"一栏,以具体的例子,生动地说明了当时官方报刊的公文和社论的思想和语文的毛病所在以及治疗的方剂。这不仅讽刺了官样文章及其所表现的思想,也对当时的文风和学风乃至语文教学都起了难以估计的保健作用和示范作用。这个"文章病院"至今还令我特别怀念。因为现在语文在思想内容和表达方式上的一些老毛病依然存在,而病院和医生却不易找到。如果现在那么多的报刊也多办几所"文章病院",少发些公式教条的空论,这对文风和学风都造福不浅。

一家好书店或一种好刊物不仅出版一些好书、刊登一些好文章,还会培养出一些好作家和好编辑。开明书店除《中学生》这个刊物之外,还出了一些深受青少年学生欢迎的课本、文学作品和一般读物。我还记得丰子恺为开明的出版物作了一些插图,自画自刻,在漫画和版画乃至编辑方式的发展方面都起了推动作用。巴金和夏衍等著名作家的早年作品大半是由开明书店发表的。此外,还有些科学家如刘薰宇、顾均正、周予同等人也都是从开明发迹的。就我个人来说,我应特别感谢开明书店对我的培育。我在夏丏尊、朱自清、叶圣陶几位老友的言教和身教下才开始放弃文言文,学写白话文。我在留学英法八年之中一直和开明维持着密切的联系。一到英国,我就不断地替《一般》和《中学生》写稿,后来由夏丏尊搜集并作序的《给青年的十二封信》这部处女作就是由开明印行的。这本小册子现在看来不免幼稚可笑,在当时却成了一部最畅销的书。原因大概在我反映出当时一般青年小知识分子的心理状况,在彷徨失望中摸索出路。从此我和广大青年建立起了友好关系,也不再愁写出文章没有地方发表和没有人看了。我在外国当学生时代写的几部主要的著作(《文艺心理学》、《谈美》、《诗论》、《变态心理学派别》)都是由开明书店印行的,所得到的稿费大大减轻了在官费经常扣发的情况下一个穷学生必然要面临的灾荒。所以想到立达学园和开明书店,我总是怀着感激的心情。

(载1980年12月2日《解放日报》)

辑三 教育箴言

谈　动

朋友：

　　从屡次来信看，你的心境近来似乎很不宁静。烦恼究竟是一种暮气，是一种病态，你还是一个十八九岁的青年，就这样颓唐沮丧，我实在替你担忧。

　　一般人欢喜谈玄，你说烦恼，他便从"哲学辞典"里拖出"厌世主义"、"悲观哲学"等等堂哉皇哉的字样来叙你的病由。我不知道你感觉如何？我自己从前仿佛也尝过烦恼的况味，我只觉得忧来无方，不但人莫之知，连我自己也莫名其妙，那里有所谓哲学与人生观！我也些微领过哲学家的教训：在心气和平时，我景仰希腊廊下派哲学者，相信人生当皈依自然，不当存有嗔喜贪恋；我景仰托尔斯泰，相信人生之美在宥与爱；我景仰布朗宁，相信世间有丑才能有美，不完全乃真完全；然而外感偶来，心波立涌，拿天大的哲学，也抵挡不住。这固然是由于缺乏修养，但是青年们有几个修养到"不动心"的地步呢？从前长辈们往往拿"应该不应该"的大道理向我说法。他们说，像我这样一个青年应该活

103

泼泼的,不应该暮气沉沉的,应该努力做学问,不应该把自己的忧乐放在心头。谢谢罢,请留着这副"应该"的方剂,将来患烦恼的人还多呢!

朋友,我们都不过是自然的奴隶,要征服自然,只得服从自然。违反自然,烦恼才乘虚而入,要排解烦闷,也须得使你的自然冲动有机会发泄。人生来好动,好发展,好创造。能动,能发展,能创造,便是顺从自然,便能享受快乐;不动,不发展,不创造,便是摧残生机,便不免感觉烦恼。这种事实在流行语中就可以见出,我们感觉快乐时说"舒畅",感觉不快乐时说"抑郁"。这两个字样可以用作形容词,也可以用作动词。用作形容词时,它们描写快或不快的状态;用作动词时,我们可以说它们说明快或不快的原因。你感觉烦恼,因为你的生机被抑郁;你要想快乐,须得使你的生机能舒畅,能宣泄。流行语中又有"闲愁"的字样,闲人大半易于发愁,就因为闲时生机静止而不舒畅。青年人比老年人易于发愁些,因为青年人的生机比较强旺。小孩子们的生机也很强旺,然而不知道愁苦,因为他们时时刻刻的游戏,所以他们的生机不至于被抑郁。小孩子们偶尔不很乐意,便放声大哭,哭过了气就消去。成人们感觉烦恼时也还要拘礼节,那能由你放声大哭呢?黄连苦在心头,所以愈觉其苦。歌德少时因失恋而想自杀,幸而他的文机动了,埋头两礼拜著成一部《少年维特之烦恼》,书成了,他的气也泄了,自杀的念头也打消了。你发愁时并不一定要著书,你就读几篇哀歌,听一幕悲剧,借酒浇愁,也可以大畅胸怀。从前我很疑惑何以剧情愈悲而读之愈觉其快意,近来才悟得这个泄与郁的道理。

总之,愁生于郁,解愁的方法在泄;郁由于静止,求泄的方法在动。从前儒家讲心性的话,从近代心理学眼光看,都很粗疏,只有孟子的"尽性"一个主张,含义非常深广。一切道德学说都不免肤浅,如果不从"尽性"的基点出发。如果把"尽性"两字懂得透澈,我以为生活目的在此,生活方法也就在此。人性固然是复杂的,可是人是动物,其本性不外乎动。从动的中间我们可以寻出无限快感。这个道理我可以拿两种小事来印证：从前我住在家里，自己的书房总欢喜自己打扫。每看到书籍零乱，灰尘满地，你亲自去洒扫一过，霎时间混浊的世界变成明窗净几，此时悠然就坐，游目骋怀，乃觉有不可言喻的快慰，再比方你自己是欢喜打网球的，当你起劲打球时，你还记得天地间有所谓烦恼么？

你大约记得晋人陶侃的故事。他老来罢官闲居，找不得事做，便去搬砖。晨间把一百块砖由斋里搬到斋外，暮间把一百块砖由斋外搬到斋里。人问其故，他说："吾方致力中原，过尔优逸，恐不堪事。"他又尝对人说："大禹圣人，乃惜寸阴，至于众人，当惜分阴。其"实惜阴何必定要搬砖，不过他老先生还很苗壮，借这个玩艺儿多活动活动，免得抑郁无聊罢了。

朋友，闲愁最苦！愁来愁去，人生还是那么样一个人生，世界也还是那么样一个世界。假如把自己看得伟大，你对于烦恼，当有"不屑"的看待；假如把自己看得渺小，你对于烦恼当有"不值得"的看待；我劝你多打网球，多弹钢琴，多栽花木，多搬砖弄瓦。假如你不喜欢这些玩艺儿，你就谈谈笑笑，跑跑跳跳，也是好的。就在此祝你

谈谈笑笑，

跑跑跳跳！

你的朋友　孟实

（载《一般》第 1 卷 12 号，1926 年 12 月 5 日出版）

谈 静

朋友：

　　前信谈动，只说出一面真理。人生乐趣一半得之于活动，也还有一半得之于感受。所谓"感受"是被动的，是容许自然界事物感动我的感官和心灵。这两个字涵义极广。眼见颜色，耳闻声音，是感受；见颜色而知其美，闻声音而知其和，也是感受。同一美颜，同一和声，而各个人所见到的美与和的程度又随天资境遇而不同。比方路边有一棵苍松，你看见它只觉得可以砍来造船；我见到它可以让人纳凉；旁人也许说它很宜于入画，或者说它是高风亮节的象征。再比方街上有一个乞丐，我只能见到他的蓬头垢面，觉得他很讨厌；你见他便发慈悲心，给他一个铜子；旁人见到他也许立刻发下宏愿，要打翻社会制度。这几个人反应不同，都由于感受力有强有弱。

　　世间天才之所以为天才，固然由于具有伟大的创造力，而他的感受力也分外比一般人强烈。比方诗人和美术家，你见不到的东西他能见到，你闻不到的东西他能闻到。麻木不仁的人就不然，你就请伯牙向他弹琴,他也只联想到棉匠弹棉花。感受也可以说是"领略",不过领略只是感受的一方面。世界上最快活的人不仅是最活动的人,也是最能领略的人。所谓领略,就是能在生活中寻出趣味。好比喝茶,渴汉只管满口吞咽,会喝茶的人却一口一口的细啜,能领略其中风味。

能处处领略到趣味的人决不至于岑寂,也决不至于烦闷。朱子有一首诗说:"半亩方塘一鉴开,天光云影共徘徊,问渠那得清如许?为有源头活水来。"这是一种绝美的境界。你姑且闭目一思索,把这幅图画印在脑里,然后假想这半亩方塘便是你自己的心,你看这首诗比拟人生苦乐多么惬当!一般人的生活干燥,只是因为他们的"半亩方塘"中没有天光云影,没有源头活水来,这源头活水便是领略得的趣味。

领略趣味的能力固然一半由于天资,一半也由于修养。大约静中比较容易见出趣味。物理上有一条定律说:两物不能同时并存于同一空间。这个定律在心理方面也可以说得通。一般人不能感受趣味,大半因为心地太忙,不空所以不灵。我所谓"静",便是指心界的空灵,不是指物界的沉寂,物界永远不沉寂的。你的心境愈空灵,你愈不觉得物界沉寂,或者我还可以进一步说,你的心界愈空灵,你也愈不觉得物界喧嘈。所以习静并不必定要逃空谷,也不必定学佛家静坐参禅。静与闲也不同。许多闲人不必都能领略静中趣味,而能领略静中趣味的人,也不必定要闲。在百忙中,在尘市喧嚷中,你偶然丢开一切,悠然遐想,你心中便蓦然似有一道灵光闪烁,无穷妙悟便源源而来。这就是忙中静趣。

我这番话都是替两句人人知道的诗下注脚。这两句诗就是"万物静观皆自得,四时佳兴与人同"。大约诗人的领略力比一般人都要大。近来看周启孟的《雨天的书》引日本人小林一茶的一首俳句:

"不要打哪,苍蝇搓他的手,搓他的脚呢。觉"得这种情境真是幽美。你懂得这一句诗就懂得我所谓静趣。中国诗人到这种境界的也很多。现在姑且就一时所想到的写几句给你看：

"鱼戏莲叶东，鱼戏莲叶西，鱼戏莲叶南，鱼戏莲叶北。"——古诗，作者姓名佚。

"山涤余霭，宇暖微霄。有风自南，翼彼新苗。"——陶渊明《时运》。

"采菊东篱下，悠然见南山。山气日夕佳，飞鸟相与还。"——陶渊明《饮酒》。

"目送飘鸿，手挥五弦。俯仰自得，游心太玄。"——嵇叔夜《送秀才从军》。

"倚仗柴门外，临风听暮蝉。渡头余落日，墟里上孤烟。"——王摩诘《赠裴迪》。

像这一类描写静趣的诗，唐人五言绝句中最多。你只要仔细玩味，你便可以见到这个宇宙又有一种景象，为你平时所未见到的。梁任公的《饮冰室文集》里有一篇谈"烟士披里纯"，詹姆斯的《与教员学生谈话》(James: Talks to Teachers and Students)里面有三篇谈人生观，关于静趣都说得很透辟。可惜此时这两部书都不在手边，不能录几段出来给你看。你最好自己到图书馆里去查阅。詹姆斯的《与教员学生谈话》那三篇文章（最后三篇）尤其值得一读，记得我从前读这三篇文章，很受他感动。

静的修养不仅是可以使你领略趣味，对于求学处事都有极大帮助。释迦牟尼在菩提树阴静坐而证道的故事，你是知道的。古今许多伟大人物常能在仓皇扰乱中雍容应付事变，丝毫不觉张皇，就因为能镇静。现代生活忙碌，而青年人又多浮躁。你站在这潮流里，自然也难免跟着旁人乱嚷。不过忙里偶然偷闲，闹中偶然觅静，于身于心，都有极大裨益。你多在静中领略些趣味，不特你自己受用，就是你的朋友们看着你也快慰些。我生平不怕呆人，也不怕聪明过度的人，只是对着没有趣味的人，要勉强同他说应酬话，真是觉得苦也。你对着有趣味的人，你并不必多谈话,只是默然相对,心领神会,便可觉得朋友中间的无上至乐。你有时大概也发生同样感想罢?

眠食诸希珍重!

你的朋友　孟实

(载《一般》第1卷12号,1926年12月5日出版)

谈作文

朋友：

我们对于许多事，自己愈不会做，愈望朋友做得好。我生平最大憾事就是对于美术和运动都一无所长。幼时薄视艺事为小技，此时亦偶发宏愿去学习，终苦于心劳力拙，怏怏然废去。所以每遇年幼好友，就劝他趁早学一种音乐，学一项运动。

其次，我极羡慕他人做得好文章。每读到一种好作品，看见自己所久想说出而说不出的话，被他人轻轻易易地说出来了，一方面固然以作者"先获我心"为快，而另一方面也不免心怀惭怍。惟其惭怍，所以每遇年幼好友，也苦口劝他练习作文，虽然明明知道人家会奚落我说：你"这样起劲谈作文，你自己的文章就做得'蹩脚'！"

文章是可以练习的么？迷信天才的人自然嗤着鼻子这样问。但是在一切艺术里，天资和人力都不可偏废。古今许多第一流作者大半都经过刻苦的推敲揣摩的训练。法国福楼拜尝费三个月的功夫做成一句文章；莫泊桑尝登门请教，福楼拜叫他把十年辛苦成就的稿本付之一炬,从新起首学描实境。我们读莫泊桑那样的极自然极轻巧极流利的小说,谁想到他的文字也是费功夫作出来的呢? 我近来看见两段文章,觉得是青年作者应该悬为座右铭的,写在下面给你看看:

一段是从托尔斯泰的儿子 Count Ilya Tolstoy 所做的《回想录》(Reminiscences)里面译出来的,这段记载托尔斯泰著《安娜·卡列尼娜》(Anna Karenina)修稿时的情形。他说:"《安娜·卡列尼娜》初登俄报 Vyetnik 时,底页都须寄吾父亲自己校对。他起初在纸边加印刷符号如删削句读等。继而改字,继而改句,继而又大加增删,到最后,那张底页便成百孔千疮,糊涂得不可辨识。幸吾母尚能认清他的习用符号以及更改增删。她尝终夜不眠替吾父誊清改过底页。次晨,她便把他很整洁的清稿摆在桌上,预备他下来拿去付邮。吾父把这清稿又拿到书房里去看'最后一遍',到晚间这清稿又重新涂改过,比原来那张底页要更加糊涂,吾母只得再抄一遍。他很不安地向吾母道歉。'松雅吾爱,真对不起你,我又把你誊的稿子弄糟了。我再不改了。明天一定发出去。但'是明天之后又有明天。有时甚至于延迟几礼拜或几月。他总是说,'还有一处要再看一下',于是把稿子再拿去过上。再誊清一遍。有时稿子已发出了,吾父忽然想到还要改几个字,便打电报去吩咐报馆替他改。"

你看托尔斯泰对文字多么谨慎,多么不惮烦! 此外小泉八云给张伯伦教授(Prof Chamberlain)的信也有一段很好的自白,他说:"……题目择定,我先不去运思,因为恐怕易生厌倦。我作文只是整理笔记。我不管层次,把最得意的一部分先急忙地信笔写下。写好了,便把稿子丢开,去做其他较适宜的工作。到第二天,我再把昨天所写的稿子读一遍,仔细改过,再从头至尾誊清一遍,在誊清中,新的意思自然源源而来,错误也呈现了,改正了。于是我又把他搁起,再过一天,我又修改第三遍。这一次是最重要的,结果总比原稿大有进步,可是还不能说完善。我再拿一片干净纸作最后的誊清,有时须誊两遍。经过这四五次修改以后,全篇的意思自然各归其所,而风格也就改定妥贴了。"

小泉八云以美文著名,我们读他这封信,才知道他的成功秘诀。一般人也许以为这样咬文嚼字近于迂腐。在青年心目中,这种训练尤其不合胃口。他们总以为能倚马千言不加点窜的才算好脚色。这种念头不知误尽多少苍生? 在艺术田地里比在道德田地里,我们尤其要讲良心。稍有苟且,便不忠实。听说印度的甘地主办一种报纸,每逢作文之先,必斋戒静坐沉思一日夜然后动笔。我们以文字骗饭吃的人们对此能不愧死么?

文章像其他艺术一样,"神而明之,存乎其人",精微奥妙都不可言传,所可言传的全是糟粕。不过初学作文也应该认清路径,而这种路径是不难指点的。

学文如学画,学画可临帖,又可写生。在这两条路中间,写生自然较为重要。可是临帖也不可一笔勾销,笔法和意境在初学时总须从临帖中领会。从前中国文人学文大半全用临帖法。每人总须读过几百篇或几千篇名著,揣摩呻吟,至能背诵,然后执笔为文,手腕自然纯熟。欧洲文人虽亦重读书,而近代第一流作者大半由写生入手。莫泊桑初请教于福楼拜,福楼拜叫他描写一百个不同的面孔。霸若因为要描写吉普赛野人生活,便自己去和他们同住,可是这并非说他们完全不临帖。许多第一流作者起初都经过模仿的阶段。莎士比亚起初模仿英国旧戏剧作者。布朗宁起初模仿雪莱。陀思妥也夫斯基和许多俄国小说家都模仿雨果。我以为向一般人说法,临帖和写生都不可偏废。所谓临帖在多读书。中国现当新旧交替时代,一般青年颇苦无书可读。新作品寥寥有数,而旧书又受复古反动影响,为新文学家所不乐道。其实东烘学究之厌恶新小说和白话诗,和新文学运动者之攻击读经和念古诗文,都是偏见。文学上只有好坏的分别,没有新旧的分别。青年们读新书已成时髦，用不着再提倡，我只劝有闲工夫有好兴致的人对于旧书也不妨去读读看。

读书只是一步预备的工夫，真正学作文，还要特别注意写生。要写生，须勤做描写文和记叙文。中国国文教员们常埋怨学生们不会做议论文。我以为这并不算奇怪。中学生的理解和知识大半都很贫弱，胸中没有议论，何能做得出议论文？许多国文教员们叫学生入手就做议论文，这是没有脱去科举时代的陋习。初学作议论文是容易走入空疏俗滥的路上去。我以为初学作文应该从描写文和记叙文入手，这两种文做好了，议论文是很容易办的。

这封信只就一时见到的几点说说。如果你想对于作文方法还要多知道一点，我劝你看看夏丏尊和刘薰宇两先生合著的《文章作法》。这本书有许多很精当的实例，对于初学是很有用的。

你的朋友　孟实

（载《一般》第 3 卷 1 号，1927 年 9 月 5 日出版）

《谈美》开场话

朋友：

　　从写十二封信给你之后，我已经歇三年没有和你通消息了。你也许怪我疏懒，也许忘记几年前的一位老友了，但是我仍是时时挂念你。在这几年之内，国内经过许多不幸的事变，刺耳痛心的新闻不断地传到我这里来。听说我的青年朋友之中，有些人已遭惨死，有些人已因天灾人祸而废学，有些人已经拥有高官厚禄或是正在"忙"高官厚禄。这些消息使我比听到日本出兵东三省和轰炸淞沪时更伤心。在这种时候，我总是提心吊胆地念着你。你还是在惨死者之列呢？还是已经由党而官、奔走于大人先生之门而洋洋自得呢？

　　在这些提心吊胆的时候，我常想写点什么寄慰你。我本有许多话要说而终于缄默到现在者，也并非完全由于疏懒。在我的脑际盘旋的实际问题都很复杂错乱，它们所引起的感想也因而复杂错乱。现在青年不应该再有复杂错乱的心境了。他们所需要的不是一盆八宝饭而是一帖清凉散。想来想去，我决定来和你谈美。

谈美！这话太突如其来了！在这个危急存亡的年头，我还有心肝来"谈风月"么？是的，我现在谈美，正因为时机实在是太紧迫了。朋友，你知道，我是一个旧时代的人，流落在这纷纭扰攘的新时代里面，虽然也出过一番力来领略新时代的思想和情趣，仍然不免抱有许多旧时代的信仰。我坚信中国社会闹得如此之糟，不完全是制度的问题，是大半由于人心太坏。我坚信情感比理智重要，要洗刷人心，并非几句道德家言所可了事，一定要从"怡情养性"做起，一定要于饱食暖衣、高官厚禄等等之外，别有较高尚、较纯洁的企求。要求人心净化，先要求人生美化。

人要有出世的精神才可以做入世的事业。现世只是一个密密无缝的利害网，一般人不能跳脱这个圈套，所以转来转去，仍是被利害两个大字系住。在利害关系方面，人已最不容易调协，人人都把自己放在首位，欺诈、凌虐、劫夺种种罪孽都种根于此。美感的世界纯粹是意象世界，超乎利害关系而独立。在创造或是欣赏艺术时，人都是从有利害关系的实用世界搬家到绝无利害关系的理想世界里去。艺术的活动是"无所为而为"的。我以为无论是讲学问或是做事业的人都要抱有一副"无所为而为"的精神，把自己所做的学问事业当作一件艺术品看待，只求满足理想和情趣，不斤斤于利害得失，才可以有一番真正的成就。伟大的事业都出于宏远的眼界和豁达的胸襟。如果这两层不讲究，社会上多一个讲政治经济的人，便是多一个借党忙官的人；这种人愈多，社会愈趋于腐浊。现在一般借党忙官的政治学者和经济学者以及冒牌的哲学家和科学家所给人的印象只要一句话就说尽了——"俗不可耐"。

人心之坏，由于"未能免俗"。什么叫做"俗"？这无非是像蛆钻粪似地求温饱，不能以"无所为而为"的精神作高尚纯洁的企求；总而言之，"俗"无非是缺乏美感的修养。

在这封信里我只有一个很单纯的目的，就是研究如何"免俗"。这事本来关系各人的性分,不易以言语晓喻,我自己也还是一个"未能免俗"的人,但是我时常领略到能免俗的趣味,这大半是在玩味一首诗、一幅画或是一片自然风景的时候。我能领略到这种趣味,自信颇得力于美学的研究。在这封信里我就想把这一点心得介绍给你。假若你看过之后,看到一首诗、一幅画或是一片自然风景的时候,比较从前感觉到较浓厚的趣味,懂得像什么样的经验才是美感的,然后再以美感的态度推到人生世相方面去,我的心愿就算达到了。

在写这封信之前,我曾经费过一年的光阴写了一部《文艺心理学》。这里所说的话大半在那里已经说过,我何必又多此一举呢?在那部书里我向专门研究美学的人说话,免不了引经据典,带有几分掉书囊的气味;在这里我只是向一位亲密的朋友随便谈谈,竭力求明白晓畅。在写《文艺心理学》时,我要先看几十部书才敢下笔写一章;在写这封信时,我和平时写信给我的弟弟妹妹一样,面前一张纸,手里一管笔,想到什么便写什么,什么书也不去翻看,我所说的话都是你所能了解的,但是我不敢勉强要你全盘接收。这是一条思路,你应该趁着这条路自己去想。一切事物都有几种看法,我所说的只是一种看法,你不妨有你自己的看法。我希望你把你自己所想到的写一封回信给我。

(选自《谈美》,开明书店 1932 年 11 月出版)

"慢慢走,欣赏啊!"
——人生的艺术化

一直到现在,我们都是讨论艺术的创造与欣赏。在收尾这一节中,我提议约略说明艺术和人生的关系。

我在开章明义时就着重美感态度和实用态度的分别,以及艺术和实际人生之中所应有的距离,如果话说到这里为止,你也许误解我把艺术和人生看成漠不相关的两件事。我的意思并不如此。

人生是多方面而却相互和谐的整体,把它分析开来看,我们说某部分是实用的活动,某部分是科学的活动,某部分是美感的活动,为正名析理起见,原应有此分别;但是我们不要忘记,完满的人生见于这三种活动的平均发展,它们虽是可分别的而却不是互相冲突的。"实际人生"比整个人生的意义较为窄狭。一般人的错误在把它们认为相等,以为艺术对于"实际人生"既是隔着一层,它在整个人生中也就没有什么价值。有些人为维护艺术的地位,又想把它硬纳到"实际人生"的小范围里去。这般人不但是误解艺术,而且也没有认识人生。我们把实际生活看作整个人生之中的一片段,所以在肯定艺术与实际人生的距离时,并非肯定艺术与整个人生的隔阂。严格地说,离开人生便无所谓艺术,因为艺术是情趣的表现,而情趣的根源就在人生;反之,离开艺术也便无所谓人生,因为凡是创造和欣赏都是艺术的活动,无创造、无欣赏的人生是一个自相矛盾的名词。

人生本来就是一种较广义的艺术。每个人的生命史就是他自己的作品。这种作品可以是艺术的,也可以不是艺术的,正犹如同是一种顽石,这个人能把它雕成一座伟大的雕像,而另一个人却不能使它"成器",分别全在性分与修养。知道生活的人就是艺术家,他的生活就是艺术作品。

过一世生活好比做一篇文章。完美的生活都有上品文章所应有的美点。

第一,一篇好文章一定是一个完整的有机体,其中全体与部分都息息相关,不能稍有移动或增减。一字一句之中都可以见出全篇精神的贯注。比如陶渊明的《饮酒》诗本来是"采菊东篱下,悠然见南山",后人把"见"字误印为"望"字,原文的自然与物相遇相得的神情便完全丧失。这种艺术的完整性在生活中叫做"人格"。凡是完美的生活都是人格的表现。大而进退取与,小而声音笑貌,都没有一件和全人格相冲突。不肯为五斗米折腰向乡里小儿,是陶渊明的生命史中所应有的一段文章,如果他错过这一个小节,便失其为陶渊明。下狱不肯脱逃,临刑时还叮咛嘱咐还邻人一只鸡的债,是苏格拉底的生命史中所应有的一段文章,否则他便失其为苏格拉底。这种生命史才可以使人把它当作一幅图画去惊赞,它就是一种艺术的杰作。

其次,"修辞立其诚"是文章的要诀,一首诗或是一篇美文一定是至性深情的流露,存于中然后形于外,不容有丝毫假借。情趣本来是物我交感共鸣的结果。景物变动不居,情趣亦自生生不息。我有我的个性,物也有物的个性,这种个性又随时地变迁而生长发展。每人在某一时会所见到的景物,和每种景物在某一时会所引起的情趣,都有它的特殊性,断不容与另一人在另一时会所见到的景物,和另一景物在另一时会所引起的情趣完全相同。毫厘之差,微妙所在。在这种生生不息的情趣中我们可以见出生命的造化。把这种生命流露于语言文字,就是好文章;把它流露于言行风采,就是美满的生命史。

文章忌俗滥,生活也忌俗滥。俗滥就是自己没有本色而蹈袭别人的成规旧矩。西施患心病,常捧心颦眉,这是自然的流露,所以愈增其美。东施没有心病,强学捧心颦眉的姿态,只能引人嫌恶。在西施是创作,在东施便是滥调。滥调起于生命的干枯,也就是虚伪的表现。"虚伪的表现"就是"丑",克罗齐已经说过。"风行水上,自然成纹",文章的妙处如此,生活的妙处也是如此。在什么地位,是怎样的人,感到怎样情趣,便现出怎样言行风采,叫人一见就觉其谐和完整,这才是艺术的生活。

俗语说得好:"惟大英雄能本色",所谓艺术的生活就是本色的生活。世间有两种人的生活最不艺术,一种是俗人,一种是伪君子。"俗人"根本就缺乏本色,"伪君子"则竭力遮盖本色。朱晦庵有一首诗说:"半亩方塘一鉴开,天光云影共徘徊,问渠那得清如许?为有源头活水来。"艺术的生活就是有"源头活水"的生活。俗人迷于名利,与世浮沉,心里没有"天光云影",就因为没有源头活水。他们的大病是生命的干枯。"伪君子"则于这种"俗人"的资格之上,又加上"沐猴而冠"的伎俩。他们的特点不仅见于道德上的虚伪,一言一笑、一举一动,都叫人起不美之感。谁知道风流名士的架子之中掩藏了几多行尸走肉?无论是"俗人"或是"伪君子",他们都是生活中的"苟且者",都缺乏艺术家在创造时所应有的良心。像柏格森所说的,他们都是"生命的机械化",只能作喜剧中的角色。生活落到喜剧里去的人大半都是不艺术的。

艺术的创造之中都必寓有欣赏,生活也是如此。一般人对于一种言行常欢喜说它"好看"、"不好看",这已有几分是拿艺术欣赏的标准去估量它。但是一般人大半不能彻底,不能拿一言一笑、一举一动纳在全部生命史里去看,他们的"人格"观念太淡薄,所谓"好看"、"不好看"往往只是"敷衍面子"。善于生活者则彻底认真,不让一尘一芥妨碍整个生命的和谐。一般人常以为艺术家是一班最随便的人,其实在艺术范围之内,艺术家是最严肃不过的。在锻炼作品时常呕心呕肝,一笔一划也不肯苟且。王荆公作"春风又绿江南岸"一句诗时,原来"绿"字是"到"字,后来由"到"字改为"过"字,由"过"字改为"入"字,由"入"字改为"满"字,改了十几次之后才定为"绿"字。即此一端可以想见艺术家的严肃了。善于生活者对于生活也是这样认真。曾子临死时记得床上的席子是季路的,一定叫门人把它换过才瞑目。吴季札心里已经暗许赠剑给徐君,没有实行徐君就已死去,他很郑重地把剑挂在徐君墓旁树上,以见"中心契合死生不渝"的风谊。像这一类的言行看来虽似小节,而善于生活者却不肯轻易放过,正犹如诗人不肯轻易放过一字一句一样。小节如此,大节更不消说。董狐宁愿断头不肯掩盖史实,夷齐饿死不愿降周,这种风度是道德的也是艺术的。我们主张人生的艺术化,就是主张对于人生的严肃主义。

艺术家估定事物的价值,全以它能否纳入和谐的整体为标准,往往出于一般人意料之外。他能看重一般人所看轻的,也能看轻一般人所看重的。在看重一件事物时,他知道执着;在看轻一件事物时,他也知道摆脱。艺术的能事不仅见于知所取,尤其见于知所舍。苏东坡论文,谓如水行山谷中,行于其所不得不行,止于其所不得不止。这就是取舍恰到好处,艺术化的人生也是如此。善于生活者对于世间一切,也拿艺术的口胃去评判它,合于艺术口胃者毫毛可以变成泰山,不合于艺术口胃者泰山也可以变成毫毛。他不但能认真,而且能摆脱。在认真时见出他的严肃,在摆脱时见出他的豁达。孟敏堕甑,不顾而去,郭林宗见到以为奇怪。他说:"甑已碎,顾之何益?"哲学家斯宾诺莎宁愿靠磨镜过活,不愿当大学教授,怕妨碍他的自由。王徽之居山阴,有一天夜雪初霁,月色清朗,忽然想起他的朋友戴逵,便乘小舟到剡溪去访他,刚到门口便把船划回去。他说:"乘兴而来,兴尽而返。"这几件事彼此相差很远,却都可以见出艺术家的豁达。伟大的人生和伟大的艺术都要同时并有严肃与豁达之胜。晋代清流大半只知道豁达而不知道严肃,宋朝理学又大半只知道严肃而不知道豁达。陶渊明和杜子美庶几算得恰到好处。

一篇生命史就是一种作品,从伦理的观点看,它有善恶的分别,从艺术的观点看,它有美丑的分别。善恶与美丑的关系究竟如何呢?

就狭义说,伦理的价值是实用的,美感的价值是超实用的;伦理的活动都是有所为而为,美感的活动则是无所为而为。比如仁义忠信等等都是善,问它们何以为善,我们不能不着眼到人群的幸福。美之所以为美,则全在美的形象本身,不在它对于人群的效用(这并不是说它对于人群没有效用)。假如世界上只有一个人,他就不能有道德的活动,因为有父子才有慈孝可言,有朋友才有信义可言。但是这个想象的孤零零的人还可以有艺术的活动,他还可以欣赏他所居的世界,他还可以创造作品。善有所赖而美无所赖,善的价值是"外在的",美的价值是"内在的"。

不过这种分别究竟是狭义的。就广义说,善就是一种美,恶就是一种丑。因为伦理的活动也可以引起美感上的欣赏与嫌恶。希腊大哲学家柏拉图和亚理斯多德讨论伦理问题时都以为善有等级,一般的善虽只有外在的价值,而"至高的善"则有内在的价值。这所谓"至高的善"究竟是什么呢?柏拉图和亚理斯多德本来是一走理想主义的极端,一走经验主义的极端,但是对于这个问题,意见却一致。他们都以为"至高的善"在"无所为而为的玩索"(disinterested contemplation)。这种见解在西方哲学思潮上影响极大,斯宾诺莎、黑格尔、叔本华的学说都可以参证。从此可知西方哲人心目中的"至高的善"还是一种美,最高的伦理的活动还是一种艺术的活动了。

"无所为而为的玩索"何以看成"至高的善"呢?这个问题涉及西方哲人对于神的观念。从耶稣教盛行之后,神才是一个大慈大悲的道德家。在希腊哲人以及近代莱布尼兹、尼采、叔本华诸人的心目中,神却是一个大艺术家,他创造这个宇宙出来,全是为着自己要创造,要欣赏。其实这种见解也并不减低神的身份。耶稣教的神只是一班穷叫化子中的一个肯施舍的财主老,而一般哲人心中的神,则是以宇宙为乐曲而要在这种乐曲之中见出和谐的音乐家。这两种观念究竟是哪一个伟大呢?在西方哲人想,神只是一片精灵,他的活动绝对自由而不受限制,至于人则为肉体的需要所限制而不能绝对自由。人愈能脱肉体需求的限制而作自由活动,则离神亦愈近。"无所为而为的玩索"是唯一的自由活动,所以成为最上的理想。

这番话似乎有些玄渺,在这里本来不应说及。不过无论你相信不相信,有许多思想却值得当作一个意象悬在心眼前来玩味玩味。我自己在闲暇时也欢喜看看哲学书籍。老实说,我对于许多哲学家的话都很怀疑,但是我觉得他们有趣。我以为穷到究竟,一切哲学系统也都只能当作艺术作品去看。哲学和科学穷到极境,都是要满足求知的欲望。每个哲学家和科学家对于他自己所见到的一点真理(无论它究竟是不是真理)都觉得有趣味,都用一股热忱去欣赏它。真理在离开实用而成为情趣中心时就已经是美感的对象了。"地球绕日运行","勾方加股方等于弦方"一类的科学事实,和《密罗斯爱神》或《第九交响曲》一样可以摄魂震魄。科学家去寻求这一类的事实,穷到究竟,也正因为它们可以摄魂震魄。所以科学的活动也还是一种艺术的活动,不但善与美是一体,真与美也并没有隔阂。

艺术是情趣的活动,艺术的生活也就是情趣丰富的生活。人可以分为两种,一种是情趣丰富的,对于许多事物都觉得有趣味,而且到处寻求享受这种趣味。一种是情趣干枯的,对于许多事物都觉得没有趣味,也不去寻求趣味,只终日拼命和蝇蛆在一块争温饱。后者是俗人,前者就是艺术家。情趣愈丰富,生活也愈美满,所谓人生的艺术化就是人生的情趣化。

"觉得有趣味"就是欣赏。你是否知道生活,就看你对于许多事物能否欣赏。欣赏也就是"无所为而为的玩索"。在欣赏时人和神仙一样自由,一样有福。

阿尔卑斯山谷中有一条大汽车路,两旁景物极美,路上插着一个标语牌劝告游人说:"慢慢走,欣赏啊!"许多人在这车如流水马如龙的世界过活,恰如在阿尔卑斯山谷中乘汽车兜风,匆匆忙忙地急驰而过,无暇一回首流连风景,于是这丰富华丽的世界便成为一个了无生趣的囚牢。这是一件多么可惋惜的事啊!

朋友,在告别之前,我采用阿尔卑斯山路上的标语,在中国人告别习用语之下加上三个字奉赠:

"慢慢走,欣赏啊!"

光潜
1932年夏,莱茵河畔。

后记 这部稿子承朱自清,萧石君,奚今吾三位朋友替我仔细校改过。我每在印成的文章上发现到自己不小心的地方就觉得头痛,所以对他们特别感谢。

光 潜
(选自《谈美》,开明书店1932年11月出版)

谈趣味

拉丁文中有一句陈语:"谈到趣味无争辩。""文章千古事,得失寸心知。"不但作者对于自己的作品是如此,就是读者对于作者恐怕也没有旁的说法。如果一个人相信地球是方的或是泰山比一切的山都高,你可以和他争辩,可以用很精确的论证去说服他,但是如果他说《花月痕》比《浮生六记》高明,或是两汉以后无文章,你心里尽管不以他为然,口里最好不说,说也无从说起。遇到"自家人",彼此相看一眼,心领神会就行了。

这番话显然带着一些印象派批评家的牙慧。事实上我们天天谈文学,在批评谁的作品好,谁的作品坏,文学上自然也有是非好丑,你欢喜坏的作品而不欢喜好的作品,这就显得你的趣味低下,还有什么话可说?这话谁也承认,但是难问题不在此,难问题在你以为丑他以为美,或者你以为美而他以为丑时,你如何能使他相信你而不相信他自己呢?或者进一步说,你如何能相信你自己一定是对呢?你说文艺上自然有一个好丑的标准,这个标准又如何可以定出来呢?从前文学批评家们有些人以为要取决于多数。以为经过长久时间淘汰而仍巍然独存，为多数人所欣赏的作品总是好的。相信这话的人太多，我不敢公开地怀疑，但是在我们至好的朋友中，我不妨说句良心话：我们至多能活到一百岁，到什么时候才能知道 Marcel Proust 或 D. H. Lawrence 值不值得读一读呢？从前批评家们也有人，例如阿诺德，以为最稳当的办法是拿古典名著做"试金石"，遇到新作品时，把它拿来在这块"试金石"上面擦一擦，硬度如果相仿佛，它一定是好的；如果擦了要脱皮，你就不用去理会它。但是这种办法究竟是把问题推远而并没有解决它，文学作品究竟不是石头，两篇相擦时，谁看见哪一篇"脱皮"呢？

"天下之口有同嗜"，——但是也有例外。文学批评之难就难在此。如果依正统派，我们便要抹煞例外；如果依印象派，我们便要抹煞"天下之口有同嗜"。关于文学的嗜好，"例外"也并不可一笔勾消。在 Keats 未死以前，嗜好他的诗的人是例外，在印象主义闹得很轰烈时，真正嗜好 Malarmé 的诗人还是例外，我相信现在真正欢喜 T. S. Eliot 的人恐怕也得列在例外。这些"例外"的人常自居 élite 之列，而实际上他们也往往真是 élite。所谓"经过长久时间淘汰而仍巍然独存的"作品往往是先由这班"例外"的先生们捧出来的。

在正统派看，"天下之口有同嗜"一个公式之不可抹煞当更甚于"例外"之不可抹煞。他们总得喊要"标准"，喊要"普遍性"。他们自然也有正当道理。反正这场官司打不清，各个时代都有喊要标准的人，同时也都有信任主观嗜好的人。他们各有各的功劳，大家正用不着彼此瞧不起彼此。

文艺不一定只有一条路可走。东边的景致只有面朝东走的人可以看见，西边的景致也只有面朝西走的人可以看见。向东走者听到向西走者称赞西边景致时觉其夸张，同时怜惜他没有看到东边景致美。向西走者看待向东走者也是如此。这都是常有的事，我们不必大惊小怪。

理想的游览风景者是向东边走过之后能再回头向西走一走,把东西两边的风味都领略到。这种人才配估定东西两边的优劣。也许他以为日落的景致和日出的景致各有胜境,根本不同,用不着去强分优劣。

一个人不能同时走两条路,出发时只有一条路可走。从事文艺的人入手不能不偏,不能不依傍门户,不能不先培养一种褊狭的趣味。初喝酒的人对于白酒红酒种种酒都同样地爱喝,他一定不识酒味。到了识酒味时他的嗜好一定褊狭,非是某一家某一年的酒不能使他喝得畅快。学文艺也是如此,没有尝过某一种 clique 的训练和滋味的人总不免有些江湖气。我不知道会喝酒的人是否可以从非某一家某一年的酒不喝,进到只要是好酒都可以识出味道;但是我相信学文艺者应该能从非某家某派诗不读,做到只要是好诗都可以领略到滋味的地步。这就是说,学文艺的人入手虽不能不偏,后来却要能不偏,能凭空俯视一切门户派别,看出偏的弊病。

文学本来一国有一国的特殊的趣味,一时有一时的特殊的风尚。就西方诗说,拉丁民族的诗有为日耳曼民族所不能欣赏的境界,日耳曼民族的诗也有为非拉丁民族所能欣赏的境界。寝馈于古典派作品既久者对于浪漫派作品往往格格不入;寝馈于象征派既久者亦觉其他作品都索然无味。中国诗的风尚也是随时代变迁。汉魏六朝唐宋各有各的派别,各有各的信徒。明人尊唐,清人尊宋,好高古者祖汉魏,喜妍艳者推重六朝和西崑。门户之见也往往很严。

但是门户之见可以范围初学而不足以羁縻大雅。读诗较广泛者常觉得自己的趣味时时在变迁中,久而久之,有如江湖游客,寻幽览胜,风雨晦明,川原海岳,各有妙境,吾人正不必以此所长,量彼所短,各派都有长短,取长弃短,才无偏蔽。古今的优劣实在不易下定评,古有古的趣味,今也有今的趣味。后人做不到"蒹葭苍苍"和"涉江采芙蓉"诸诗的境界,古人也做不到"空梁落燕泥"和"山山尽落晖"诸诗的境界。浑朴精妍原来是两种不同的趣味,我们不必强其同。

文艺上一时的风尚向来是靠不住的。在法国十七世纪新古典主义盛行时,十六世纪的诗被人指摘,体无完肤,到浪漫时代大家又觉得"七星派诗人"亦自有独到境界。在英国浪漫主义盛行时,学者都鄙视十七十八世纪的诗;现在浪漫的潮流平息了,大家又觉得从前被人鄙视的作品,亦自有不可磨灭处。个人的趣味演进亦往往如此。涉猎愈广博,偏见愈减少,趣味亦愈纯正。从浪漫派脱胎者到能见出古典派的妙处时,专在唐宋做工夫者到能欣赏六朝人作品时,笃好苏辛词者到能领略温李的情韵时,才算打通了诗的一关。好浪漫派而止于浪漫派者,或是好苏辛而止于苏辛者,终不免坐井观天,诬天渺小。

趣味无可争辩,但是可以修养。文艺批评不可抹视主观的私人的趣味,但是始终拘执一家之言者的趣味不足为凭。文艺自有是非标准,但是这个标准不是古典,不是"耐久"和"普及"①,而是从极偏走到极不偏,能凭空俯视一切门户派别者的趣味;换句话说,文艺标准是修养出来的纯正的趣味。

(选自《孟实文钞》上海,良友图书印刷公司 1936,年 4 月出版)

---

① "耐久"不是可靠的标准,Richards 说得透辟,参看 *Principles of Criticism Chapter XXIX* 。如果读者愿看一段诙谐的文章,可以翻阅 Voltaire 的 *Canide Chap*,*XXX*,Procurante 谈荷马、维吉尔和弥尔顿一般"耐久"作者的话,都是我们心里所想说的,不过我们怕人讥笑,或是要自居能欣赏一般人所公认的伟大作品,不敢或不肯把老实话说出罢了。

谈书评

谈到究竟，文艺方面最重要的东西还是作品。一个人在文艺方面最重要的修养不是记得一些干枯的史实和空洞的理论，而是对于好作品能热烈的爱好，对于低劣作品能彻底地厌恶。能够教学生们懂得什么才是一首好诗或是一篇好小说，能够使他们培养成对于文学的兴趣和热情，那才是一位好的文学教师；能够使一般读者懂得什么才是一首好诗或是一篇好小说，能够使他们培养成对于文学的兴趣和热情，那才是一位好的批评家。真正的批评对象永远是作品，真正的好的批评家永远是书评家，真正的批评的成就永远是对于作品的兴趣和热情的养成。

书评家的职务是很卑恭的。他好比游览名胜风景的向导，引游人注意到一些有趣的林园泉石寨堡。不过这种比拟究竟有些不恰当。一个旅行向导对于他所指点的风景不一定是他自己发现出来的，尤其不一定自己感觉到它们有趣。他可以读一部旅行指南，记好一套刻板的解释，遇到有钱的顾主就把话匣子打开，把放过几千次的唱片再放一遍。书评家的职务却没有这么简单。他没有理由向旁人说话,除非他所指点的是他自己的发现而且是他自己的爱或憎的对象。书评艺术不发达即由于此。在事实上,一个人如果不以书评为职业,就很难有工夫去天天写书评;而书评却不如旅行向导可以成为一种职业,书评所需要的公平,自由,新鲜,超脱诸美德都是与职业不相容的。

常见的书评不外两种,一种是宣传,一种是反宣传。所谓"宣传"者有书店稿费或私人交谊做背景,作品本身价值是第二层事,头一层要推广它的销路,在这种书籍的生存战争中,它不能不有人替它"吹"一下。所谓"反宣传"者有仇恨妒忌种种心理做背景,甲与乙如不同派,凡甲有所作,乙必须闭着眼睛乱骂一顿,以为不把对方打倒,自己就不易抬头"称霸"。书评失去它的信用,就因为有这两种不肖之徒如劣马害群。书评变成贩夫叫卖或是泼妇闹街,这不但是书评末运,也是文艺的末运。

书是读不尽的,自然也评不尽。一个批评家应该是一个探险家,为着发现肥沃的新陆,不惜备尝艰辛险阻,穿过一些荒原沙漠冰海;为着发现好书,他不能不读数量超过好书千百倍的坏书。每个人都应该读些坏书,不然,他不能真正地懂得好书的好处。不过在每个时代,每个国家里坏书都"俯拾即是",用不着一个专门家去把它指点出来。与其浪耗精力去攻击一千部坏书,不如多介绍一部好书。没有看见过小山的人固然不知道大山的伟大;但是你如果引人看过喜马拉雅山,他决不会再相信泰山是天下最高峰。好书有被埋没的可能,而坏书却无永远存在之理,把好书指点出来,读者自然能见出坏书的坏。

攻击唾骂在批评上固然有它的破坏的功用,它究竟是容易流于意气之争,酿成创作与批评中不应有的仇恨,给读者一场空热闹,而且一个作品的最有意义的批评往往不是一篇说是说非的论文,而是题材相仿佛的另一个作品。如果你不满意一部书或是一篇文章,且别费气力去唾骂它，自己去写一部比它较好的作品出来，至少，指点出一部比它较好的作品出来！一部书在没有比它再好的书出来以前，尽管是不圆满，仍旧有它的功用，有它的生存权。

批评的态度要公平，这是老生常谈，不过也容易引起误解。一个人只能在他的学识修养范围之内说公平话。对于甲是公平话，对于乙往往是偏见。孔夫子只见过泰山，便说"登泰山而小天下"，不能算是不公平，至少是就他的学识范围而言。凡是有意义的话都应该是诚实的话，凡是诚实话都是站在说话者自己特殊立场扪心自问所说的话。人人都说荷马或莎士比亚伟大而我们扪心自问，并不能见出他们的伟大。我跟人说他们伟大么？这是一般人所谓"公平"。我说我并不觉得他们伟大么？这是我个人学识修养范围之内的"公平"，而一般人所谓"偏见"。批评家所要的"公平"究竟是哪一种呢？"司法式"批评家说是前一种，印象派批评家说是后一种。前一派人永远是朝"稳路"走，可是也永远是自封在旧窠臼里，很难发见打破传统的新作品。后一派人永远是流露"偏见"，可是也永远是说良心话，永远能宽容别人和我自己异趣。这两条路都任人随便走，而我觉得最有趣的是第二条路，虽然我知道它不是一条"稳路"。

法朗士说得好："每个人都摆脱不开他自己，这是我们最大的厄运"。这种厄运是不可免的，所以一般人所嚷的"客观的标准"，"普遍的价值"等等终不免是欺人之谈。你提笔来写一篇书评时，你的唯一的理由是你对于那部书有你的特殊的见解。这种见解只要是由你心坎里流露出来的，只要是诚实，虽然是偏，甚至于是离奇，对于作者与读者总是新鲜有趣的。书评是一种艺术，像一切其它艺术一样，它的作者不但有权力，而且有义务，把自己摆进里面去；它应该是主观的；这就是说，它应该有独到见解。叶公超先生在本刊所发表的《论书评》一文里仿佛说过，书评是读者与作者的见解和趣味的较量。这是一句有见地的话。见解和趣味有不同，才有较量的可能，而这种较量才有意义，有价值。

天赋不同，修养不同，文艺的趣味也因而不同。心理学家所研究的"个别的差异"是创作家批评家和读者所应该同样地认清而牢记的。文艺界有许多无谓的论战和顽固的成见都起于根本不了解人性中有所谓"个别的差异"。我自己这样感觉，旁人如果不是这样感觉，那就是他们荒谬，活该打倒！这是许多固执成见者的逻辑。如果要建立书评艺术，这种逻辑必须放弃。

欣赏一首诗就是再造一首诗；欣赏一部书，如果那部书有文艺的价值，也应该是在心里再造一部书。一篇好的书评也理应是这种"再造"的结果。我特别着重这一点，因为它有关于书评的接受。无论是作者或是读者，对于一篇有价值的书评都只能当作一篇诚实的主观的印象记看待，容许它有个性，有特见，甚至于有偏见。一个书评家如果想把自己的话当作"权威"去压服别人，去范围别人的趣味；一个读者如果把一篇书评当作"权威"恭顺地任它范围自己的趣味；或是一个创作家如果希望别人对于自己的著作的见解一定和自己的意见相同；那末，他们都是一丘之貉，都应该冠上一个公同的形容词——愚蠢！

如果莎士比亚再活在世间，如果他肯费工夫把所有讨论、解释和批评他的作品文章仔细读一遍，他一定会惊讶失笑，发见许多读者比他自己聪明，能在他的作品中发见许多他自己所梦想不到的哲学，艺术技巧的意识以及许多美点和丑点。但是他也一定会觉得这些文章有趣，一律地加以大度宽容。懂得这个道理，我们就应该明了：刘西渭先生有权力用他的特殊的看法去看《鱼目集》，刘西渭先生没有了解他的心事；而我们一般读者哩，尽管各人都自信能了解《鱼目集》，爱好它或是嫌恶它，但是终于是第二个以至于第几个的刘西渭先生，彼此各不相谋。世界有这许多纷歧差异，所以它无限，所以它有趣；每篇书评和每部文艺作品一样，都是这"无限"的某一片面的摄影。

（载天津《大公报·文艺》"书评特刊"第190期，1936年8月2日）

谈立志

抗战以前与抗战以来的青年心理有一个很显然的分别：抗战以前，普通青年的心理变态是烦闷，抗战以来，普通青年的心理变态是消沉。烦闷大半起于理想与事实的冲突。在抗战以前，青年对于自己前途有一个理想，要有一个很好的环境求学，再有一个很好的职业做事；对于国家民族也有一个理想，要把侵略的外力打倒，建设一个新的社会秩序。这两种理想在当时都似很不容易实现，于是他们急躁不耐烦，失望，以至于苦闷。抗战发生时，我们民族毅然决然地拼全副力量来抵挡侵略的敌人，青年们都兴奋了一阵，积压许久的郁闷为之一畅。但是这种兴奋到现在似已逐渐冷静下去，国家民族的前途比从前光明，个人求学就业也比从前容易，虽然大家都硬着脖子在吃苦，可是振作的精神似乎很缺乏。在学校的学生们对功课很敷衍，出了学校就职业的人们对事业也很敷衍，对于国家大事和世界政局没有像从前那样关切。这是一个很可忧虑的现象，因为横在我们面前的还有比抗敌更艰难的局面，需要更坚决更沉着的努力来应付，而我们青年现在所表现的精神显然不足以应付这种艰难的局面。

如果换过方式来说，从前的青年人病在志气太大，目前的青年人病在志气太小，甚至于无志气。志气太大，理想过高，事实迎不上头来，结果自然是失望烦闷；志气太小，因循苟且，麻木消沉，结果就必至于堕落。所以我们宁愿青年烦闷，不愿青年消沉。烦闷至少是对于现实的欠缺还有敏感，还可以激起努力；消沉对于现实的欠缺就根本麻木不仁，决不会引起改善的企图。但是说到究竟，烦闷之于消沉也不过是此胜于彼，烦闷的结果往往是消沉，犹如消沉的结果往往是堕落。目前青年的消沉与前五六年青年的烦闷似不无关系。烦闷是耗费心力的，心力耗费完了，连烦闷也不曾有，那便是消沉。

一个人不会生来就烦闷或消沉的，因为人都有生气，而生气需要发扬，需要活动。有生气而不能发扬，或是活动遇到阻碍，才会烦闷和消沉。烦闷是感觉到困难，消沉是无力征服困难而自甘失败。这两种心理病态都是挫折以后的反应。一个人如果经得起挫折，就不会起这种心理变态。所谓经不起挫折，就是没有决心和勇气，就是意志薄弱。意志薄弱经不起挫折的人往往有一套自宽自解的话，就是把所有的过错都推诿到环境。明明是自己无能，而埋怨环境不允许我显本领；明明是自己甘心作坏人，而埋怨环境不允许我做好人。这其实是懦夫的心理，对于自己全不肯负责任。环境永远不会美满的，万一它生来就美满，人的成就也就无甚价值。人所以可贵，就在他不像猪豚，被饲而肥，他能够不安于污浊的环境，拿力量来改变它，征服它。

普通人的毛病在责人太严责己太宽。埋怨环境还由于缺乏自省自责的习惯。自己的责任必须自己担当起，成功是我的成功，失败也是我的失败。每个人是他自己的造化主，环境不足畏，犹如命运不足信。我们的民族需要自力更生。我们每个人也是如此。我们的青年必须先有这种觉悟，个人和国家民族的前途才有希望。能责备自己，信赖自己，然后自己才会打出一个江山来。

我们有一句老话："有志者事竟成。"这话说得很好，古今中外在任何方面经过艰苦奋斗而成功的英雄豪杰都可以做例证。志之成就是理想的实现。人为的事实都必基于理想，没有理想决不能成为人为的事实。譬如登山，先须存念头去登，然后一步一步的走上去，最后才会达到目的地。如果根本不起登的念头，登的事实自无从发生。这是浅例。世间许多行尸走肉浪费了他们的生命，就因为他们对于自己应该做的事不起念头。许多以教育为事业的人根本不起念头去研究，许多以政治为事业的人根本不起念头为国民谋幸福。我们的文化落后，社会紊乱，不就由于这个极简单的原因么？这就是上文所谓"消沉"，"无志气"。"有志者事竟成"，无志者事就不成。

不过"有志者事竟成"一句话也很容易发生误解，"志"字有几种意义：一是念头或愿望（wish），一是起一个动作时所存的目的（purpose），一是达到目的的决心（will, determination）。譬如登山，先起登的念头，次要一步一步的走，而这走必步步以登为目的，路也许长，障碍也许多，须抱定决心，不达目的不止，然后登的愿望才可以实现，登的目的才可以达到。有志者事竟成"的志，须包含这三种意义在内：第一要起念头，其次要认清目的和达到目的之方法，第三是抱必达目的之决心。很显然的，要事之成，其难不在起念头，而在目的之认识与达到目的之决心。

有些人误解立志只是起念头。一个小孩子说他将来要做大总统，一个乞丐说他成了大阔老要砍他的仇人的脑袋，所谓"癞蛤蟆想吃天鹅肉"，完全不思量达到这种目的所必有的方法或步骤，更不抱定循这方法步骤去达到目的之决心，这只是狂妄，不能算是立志。世间有许多人不肯学乘除加减而想将来做算学的发明家，不学军事学当兵打仗而想将来做大元帅东征西讨，不切实培养学问技术而想将来做革命家改造社会，都是犯这种狂妄的毛病。

如果以起念头为立志，则有志者事竟不成之例甚多。愚公尽可移山，精卫尽可填海，而世间却实有不可能的事情。我们必须承认"不可能"的真实性。所谓"不可能"，就是俗语所谓"没有办法"，没有一个方法和步骤去达到所悬想的目的。没有认清方法和步骤而想达到那个目的，那只是痴想而不是立志，志就是理想，而理想的理想必定是可实现的理想。理想普通有两种意义，一是"可望而不可攀，可幻想而不可实现的完美"，比如许多宗教都以长生不老为人生理想，它成为理想，就因为事实上没有人长生不老。理想的另一意义是"一个问题的最完美的答案"，或是"可能范围以内的最圆满的解决困难的办法"。比如长生不老虽非人力所能达到，而强健却是人力所能达到的，就人的能力范围来说，强健是一个合理的理想。这两种意义的分别在一个蔑视事实条件，一个顾到事实条件，一个渺茫无稽，一个有方法步骤可循。严格地说，前一种是幻想痴想而不是理想，是理想都必顾到事实。在理想与事实起冲突时，错处不在事实而在理想。我们必须接受事实，理想与事实背驰时，我们应该改变理想。坚持一种不合理的理想而至死不变只是匹夫之勇，只是"猪武"。我特别着重这一点，因为有些道德家在盲目地说坚持理想，许多人在盲目地听。

我们固然要立志，同时也要度德量力。卢梭在他的教育名著《爱弥儿》里有一段很透辟的话，大意是说人生幸福起于愿望与能力的平衡。一个人应该从幼时就学会在自己能力范围以内起愿望，想做自己所能做的事，也能做自己所想做的事。这番话出诸浪漫色彩很深的卢梭尤其值得我们玩味。卢梭自己有时想入非非，因此吃过不少的苦头，这番话实在是经验之谈。许多烦闷，许多失败，都起于想做自己所不能做的事，或是不能做自己所想做的事。

志气成就了许多人，志气也毁坏了许多人。既是志，实现必不在目前而在将来。许多人拿立志远大作藉口，把目前应做的事延宕贻误。

尤其是青年们欢喜在遥远的未来摆一个黄金时代,把希望全寄托在那上面,终日沉醉在迷梦里,让目前宝贵的时光与机会错过,徒贻后日无穷之悔。我自己从前有机会学希腊文和意大利文时,没有下手,买了许多文法读本,心想到四十岁左右时当有闲暇岁月,许我从容自在地自修这些重要的文字,现在四十过了几年了,看来这一生似不能与希腊文和意大利文有缘分了,那箱书籍也恐怕只有摆在那里霉烂了。这只是一例,我生平有许多事叫我追悔,大半都像这样"志在将来"而转眼即空空过去。"延"与"误"永是连在一起,而所谓"志"往往叫我们由"延"而"误"。所谓真正立志,不仅要接受现在的事实,尤其要抓住现在的机会。如果立志要做一件事,那件事的成功尽管在很远的将来,而那件事的发动必须就在目前一顷刻。想到应该做,马上就做,不然,就不必发下一个空头愿。发空头愿成了一个习惯,一个人就会永远在幻想中过活,成就不了任何事业,听说抽鸦片烟的人想头最多,意志力也最薄弱。老是在幻想中过活的人在精神方面颇类似烟鬼。

我在很早的一篇文章里提出我个人做人的信条,现在想起,觉得其中仍有可取之处,现在不妨趁此再提出供读者参考。我把我的信条叫做"三此主义",就是此身,此时,此地。一、此身应该做而且能够做的事,就得由此身担当起,不推诿给旁人。二、此时应该做而且能够做的事,就得在此时做,不拖延到未来。三、此地(我的地位,我的环境)应该做而且能够做的事,就得在此地做,不推诿到想象中的另一地位去做。

这是一个极现实的主义。本分人做本分事,脚踏实地,丝毫不带一点浪漫情调。我相信如果我们能够彻底地照着做,不至于很误事。西谚说得好:"手中的一只鸟,值得林中的两只鸟。"许多"有大志"者往往为着觊觎林中的两只鸟,让手中的一只鸟安然逃脱。

(选自《谈修养》,重庆中周出版社 1943 年 5 月出版)

谈英雄崇拜

关于英雄崇拜有两种相反的看法，依一种看法，英雄造时势，人类文化各方面的发端与进展都靠着少数伟大人物去倡导推动，多数人只在随从附和。一个民族有无伟大成就，要看他有无伟大人物，也要看他中间多数民众对于伟大人物能否倾倒敬慕，闻风兴起。卡莱尔在他的名著《英雄崇拜》里大致持这种看法。"世界历史，"他说，"人类在这世界上所成就的事业的历史，骨子里就是在当中工作的几个伟大人物的历史。""英雄崇拜就是对于伟大人物的极高度的爱慕。在人类胸中没有一种情操比这对于高于自己者的爱慕更为高贵。"尼采的超人主义其实也是一种英雄崇拜主义涂上了一层哲学的色彩。但依另一种看法，时势造英雄，历史的原动力是多数民众，民众的努力造成每时代政教文化各方面的"大势所趋"，而所谓英雄不过顺承这"大势所趋"而加以尖锐化，并没有什么神奇。这是托尔斯泰在《战争与和平》里所提出的主张。他说："英雄只是贴在历史上的标签，他们的姓名只是历史事件的款识。"有些人根据这个主张而推论到英雄不必受崇拜。从史实看，自从古雅典城时代的群众领袖（demagogue）一直到现代极权国家的独裁者，有不少的事例可证明盲目的英雄崇拜往往酿成极大的灾祸。有些人根据这些事例而推论到英雄崇拜的危险。此外也还有些人以为崇拜英雄势必流于发展奴性，阻碍独立自由的企图，造成政治上的独裁与学术思想上的正统专制，与德谟克拉西精神根本不相容。

就大体说，反对英雄崇拜的理论在现代颇占优胜，因为它很合一批不很英雄的人们的口胃。不过在事实上，英雄崇拜到现在还很普遍而且深固，无论带那一种色彩的人心中都免不掉有几分。托尔斯泰不很看重英雄，而他自己却被许多人当作英雄去崇拜。这是一个很有趣而也很有意义的人生讽刺。社会靠着传统和反抗两种相反的势力演进。无论你站在那一方壁垒，双方都各有它的理想的斗士，它的英雄；维拥传统者如此，反抗者也是如此。从有人类社会到现在，每时代每社会都有它的英雄，而英雄也都被人崇拜，这是铁一般的事实，没有人能否认的。我们在这里用不着替一个与历史俱久的事实辩护，我们只须研究它的涵义和在人生社会上的可能的功用。

什么叫做"英雄"。牛津字典所给 hero 的字义大要有四：第一是"具有超人的本领，为神灵所默佑者"；其次是"声名煊赫的战士，曾为国争战者"；第三是"其成就及高贵性格为人所景仰者"；最后是"诗和戏剧中的主角"。这四个意义显然是互相关联的。凡是英雄必定是非常人，得天独厚，能人之所难能，在艰危时代能为国家杀敌御侮，在承平时代他的事业和品学也能为民族的楷模，在任何重大事件中，他必是倡导推动者，如戏剧中的主角。他的名称有时不很一致，"圣贤"，"豪杰"，"至人"，所指的都大致相同。

一谈到英雄，大概没有不明了他是什么一种人；可是追问到究竟那一个人才算是英雄，意见却很难一致。小孩子们看惯侠义小说，心目中的英雄是在峨嵋山修炼得道的拳师剑侠；江湖帮客所知道的英雄是《水浒传》里所形容的梁山泊一群好汉和他们帮里的"舵把子"。读书人言必讲周孔，弄武艺的人拜关羽岳飞。古代和近代，中国和西方，所持的英雄标准也不完全一致。仔细研究起来，每种社会，每种阶级，甚至于每个人都各有各的英雄。所以这个意义似很明显的名称所指的究为何种人实在很难确定。

这也并不足为奇。英雄本是一种理想人物。一群人或一个人所崇拜的英雄其实就是他们的或他的人生理想的结晶。人生理想如忠孝节义智仁勇之类都是抽象概念，颇难捉摸，而人类心理习性常倾向于依附可捉摸的具体事例。英雄就是抽象的人生理想所实现的具体事例，他是一幅天然图画，大家都可以指着他向自己说："像那样的人才是我们所应羡慕而仿效的！"说到英勇，一般人印象也许很模糊，但是一般人都知道崇拜秦皇汉武，或是亚历山大和拿破仑。人人尽管知道忠义为美德，但是要一般人为忠义所感动，千言万语也抵不上一篇岳飞或文天祥的叙传。每个人，每个社会，都有他的特殊的人生理想；很显然的，也就有他的特殊英雄。哲学家的英雄是孔子和苏格拉底，宗教家的英雄是释迦和耶稣，侵略者的英雄是拿破仑，而资本家的英雄则为煤油大王和钢铁大王。行行出状元，就是行行有英雄。

人们所崇拜的英雄尽管不同，而崇拜的心理则无二致。这心理分析起来也很复杂。每个英雄必有确足令人钦佩之点，经得起理智衡量，不仅能引起盲目的崇拜。但是"崇拜"是宗教上的术语，既云崇拜，就不免带有几分宗教的迷信，就不免有几分盲目。英雄尽管有不足崇拜处，可是我们既然崇拜他，就只看得见他的长处，看不见他的短处。"爱而知其恶"就不是崇拜，崇拜是无限制的敬慕，有时甚至失去理性。西谚说："没有人是他的仆从的英雄。"因为亲信的仆从对主人看得太清楚。古代帝王要"深居简出"，实有一套秘诀在里面。在崇拜的心理中，情感的成分远过于理智的成分。英雄崇拜的缺点在此，因为它免不掉几分盲目的迷信；但是优点也正在此，因为它是敬贤向上心的表现。敬贤向上是人类心灵中最可宝贵的一点光焰，个人能上进，社会能改良，文化能进展，都全靠有它在烛照。英雄常在我们心中煽燃这一点光焰，常提醒我们人性尊严的意识，将我们提升到高贵境界。崇拜英雄就是崇拜他所特有的道德价值。世间只有几种人不能崇拜英雄：一是愚昧者，根本不能辨别好坏；一是骄矜妒忌者，自私的野心蒙蔽了一切，不愿看旁人比自己高一层；一是所谓"犬儒"（cynics），轻世玩物，视一切无足道；最后就是丧尽天良者，毫无人性，自然也就没有人性中最高贵的虔敬心。这几种人以外，任何人都多少可以崇拜英雄，一个人能崇拜英雄，他多少还有上进的希望，因为他还有道德方面的价值意识。

崇拜英雄的情操是道德的，同时也是超道德的。所谓"超道德的"，就是美感的。太史公在《孔子世家》赞里说："高山仰止，景行行止，虽不能至，然心焉向往之。"几句话写英雄崇拜的情绪最为精当。对着伟大人物，有如对着高山大海，使人起美学家所说的这""崇高雄伟之感"（sense of the sublime）。依美学家的分析，起崇高雄伟感觉时，我们突然间发现对象无限伟大，无形中自觉此身渺小，不免肃然起敬，慄然生畏，惊奇赞叹，有如发呆；但惊心动魄之余，就继以心领神会，物我同一而生命起交流，我们于不知不觉中吸收融会那一种伟大的气魄，而自己也振作奋发起来，仿佛在模仿它，努力提升到同样伟大的境界。对高山大海如此，对暴风暴雨如此，对伟大英雄也如此。崇拜英雄是好善也是审美。在人生胜境，善与美常合而为一，此其一例。

这种所描写的自然只是极境，在实际上英雄崇拜有深有浅，不一定都达到这种极境。但无论深浅，它的影响都大体是好的。社会的形成与维系都不外藉宗教政治教育学术几种"文化"的势力。宗教起于英雄崇拜，卡莱尔已经详论过。世界中最宗教的民族要算希伯来人，读《旧约》的人们大概都明了希伯来也是一个最崇拜英雄的民族，政治的灵魂在秩序组织，而秩序组织的建立与维持必赖有领袖。一个政治团体里有领袖能号召，能得人心悦诚服，政治没有不修明的。极权国家固然需要独裁者，民主国家仍然需要独裁者，无论你给他什么一个名义。至于教育学术也都需要有人开风气之先。假想没有孔墨庄老几个哲人，中国学术思想还留在怎样一个地位！没有柏拉图、亚理斯多德、笛卡儿、康德几个哲人，西方学术思想还留在怎样一个地位！如此等类问题是颇耐人寻思的。俗话有一句说得有趣："山中无老虎，猴子称霸王。"阮步兵登广武曾发"时无英雄，遂令竖子成名"之叹。一个国家民族到了"猴子称霸王"或是"竖子成名"的时候，他的文化水准也就可想而见了。

学习就是模仿，人是最善于学习的动物，因为他是最善于模仿的动物。模仿必有模型，模型的美丑注定模仿品的好丑，所谓"种瓜得瓜，种豆得豆"。英雄（或是叫他"圣贤"，"豪杰"）是学做人的好模型。所以从教育观点看，我们主张维持一般人所认为过时的英雄崇拜。尤其在青年时代，意象的力量大于概念，与其向他们说仁义道德，不如指点几个有血有肉的具有仁义道德的人给他们看。教育重人格感化，必须是一个具体的人格才真正有感化力。

我们民族中从古至今，做人的好模型委实不少，可惜长篇传记不发达，许多伟大人物都埋在断简残篇里面，不能以全副面目活现于青年读者眼前。这个缺陷希望将来有史家去弥补。

（选自《谈修养》，重庆中周出版社 1943 年 5 月出版）

谈交友

人生的快乐有一大半要建筑在人与人的关系上面。只要人与人的关系调处得好,生活没有不快乐的。许多人感觉生活苦恼,原因大半在没有把人与人的关系调处适宜。这人与人的关系在我国向称为"人伦"。在人伦中先儒指出五个最重要的,就是君臣、父子、夫妇、兄弟、朋友。这五伦之中,父子、夫妇、兄弟起于家庭,君臣和朋友起于国家社会。先儒谈伦理修养,大半在五伦上做工夫,以为五伦上面如果无亏缺,个人修养固然到了极境,家庭和国家社会也就自然稳固了。五伦之中,朋友一伦的地位很特别,它不像其它四伦都有法律的基础,它起于自由的结合,没有法律的力量维系它或是限定它,它的唯一的基础是友爱与信义。但是它的重要性并不因此减少。如果我们把人与人中间的好感称为友谊,则无论是君臣、父子、夫妇或是兄弟之中,都绝对不能没有友谊。就字源说,在中西文里"友"字都含有"爱"的意义。无爱不成友,无爱也不成君臣、父子、夫妇或兄弟。换句话说,无论那一伦,都非有朋友的要素不可,朋友是一切人伦的基础。懂得处友,就懂得处人;

懂得处人，就懂得做人。一个人在处友方面如果有亏缺，他的生活不但不能是快乐的，而且也决不能是善的。

谁都知道，有真正的好朋友是人生一件乐事。人是社会的动物，生来就有同情心，生来也就需要同情心。读一篇好诗文，看一片好风景，没有一个人在身旁可以告诉他说："这真好呀！"心里就觉得美中有不足。遇到一件大喜事，没有人和你同喜，你的欢喜就要减少七八分；遇到一件大灾难，没有人和你同悲，你的悲痛就增加七八分。孤零零的一个人不能唱歌，不能说笑话，不能打球，不能跳舞，不能闹架拌嘴，总之，什么开心的事也不能做。世界最酷毒的刑罚要算幽禁和充军，逼得你和你所常接近的人们分开，让你尝无亲无友那种孤寂的风味。人必须接近人，你如果不信，请你闭关独居十天半个月，再走到十字街头在人群中挤一挤，你心里会感到说不出来的快慰，仿佛过了一次大瘾，虽然街上那些行人在平时没有一个让你瞧得上眼。人是一种怪物，自己是一个人，却要显得瞧不起人，要孤高自赏，要闭门谢客，要把心里所想的看成神妙不可言说，"不可与俗人道"，其实隐意识里面惟恐人不注意自己，不知道自己，不赞赏自己。世间最欢喜守秘密的人往往也是最不能守秘密的人。他们对你说：我"告诉你，你却不要告诉人。他"不能不告诉你，却忘记你也不能不告诉人。这所谓"不能"实在出于天性中一种极大的压迫力。人需要朋友，如同人需要泄露秘密，都由于天性中一种压迫力在驱遣。它是一种精神上的饥渴，不满足就可以威胁到生命的健全。

谁也都知道，朋友对于性格形成的影响非常重大。一个人的好坏，朋友熏染的力量要居大半。既看重一个人把他当作真心朋友，他就变成一种受崇拜的英雄，他的一言一笑，一举一动都在有意无意之间变成自己的模范，他的性格就逐渐有几分变成自己的性格。同时，他也变成自己的裁判者，自己的一言一笑，一举一动，都要顾到他的赞许或非难。

一个人可以蔑视一切人的毁誉，却不能不求见谅于知己。每个人身旁有一个"圈子"，这圈子就是他所尝亲近的人围成的，他跳来跳去，尝跳不出这圈子。在某一种圈子就成为某一种人。圣贤有道，盗亦有道。隔着圈子相视，尧可非桀，桀亦可非尧。究竟谁是谁非，责任往往不在个人而在他所在的圈子。古人说："与善人交，如入芝兰之室，久而不闻其香；与恶人交，如入鲍鱼之市，久而不闻其臭。"久闻之后，香可以变成寻常，臭也可以变成寻常，而习安之，就不觉其为香为臭。一个人应该谨慎择友，择他所在的圈子，道理就在此。人是善于模仿的，模仿品的好坏，全看模型的好坏，有如素丝，染于青则青，染于黄则黄。"告诉我谁是你的朋友，我就知道你是怎样的一种人。"这句西谚确实是经验之谈。《学记》论教育，一则曰："七年视论学取友，"再则曰："相观而善之谓摩。"从孔孟以来，中国士林向奉尊师敬友为立身治学的要道。这都是深有见于朋友的影响重大。师弟向不列于五伦，实包括于朋友一伦里面，师与友是不能分开的。

许叔重《说文解字》谓"同志为友"。就大体说，交友的原则是同"声相应，同气相求"。但是绝对相同在理论与事实都是不可能。"人心不同，各如其面。"这不同亦正有它的作用。朋友的乐趣在相同中容易见出；朋友的益处却往往在相异处才能得到。古人尝拿"如切如磋，如琢如磨"来譬喻朋友的交互影响。这譬喻实在是很恰当。玉石有瑕疵棱角，用一种器具来切磋琢磨它，它才能圆融光润，才能"成器"。人的性格也难免有瑕疵棱角，如私心、成见、骄矜、暴躁、愚昧、顽恶之类，要多受切磋琢磨，才能洗刷净尽，达到玉润珠圆的境界。朋友便是切磋琢磨的利器，与自己愈不同，磨擦愈多，切磋琢磨的影响也就愈大。这影响在学问思想方面最容易见出。一个人多和异己的朋友讨论，会逐渐发现自己的学说不圆满处，对方的学说有可取处，逼得不得不作进一层的思考，这样地对于学问才能逐渐鞭辟入里。在朋友互相切磋中，一方面被"磨",一方面也在受滋养。一个人被"磨"的方面愈多,吸收外来的滋养也就愈丰富。孔子论益友,所以特重直谅多闻。一个不能有诤友的人永远是愚而好自用,在道德学问上都不会有很大的成就。

好朋友在我国语文里向来叫做"知心"或"知己"。"知交"也是一个习用的名词。这个语言的习惯颇含有深长的意味。从心理观点看,求见知于人是一种社会本能,有这本能,人与人才可免除隔阂,打成一片,社会才能成立。它是社会生命所藉以维持的,犹如食色本能是个人与种族生命所藉以维持的,所以它与食色本能同样强烈。古人尝以一死报知己,钟子期死后,伯牙不复鼓琴。这种行为在一般人看近似于过激,其实是由于极强烈的社会本能在驱遣。其次,从伦理哲学观点看,知人是处人的基础,而知人却极不易,因为深刻的了解必基于深刻的同情。深刻的同情只在真挚的朋友中才常发现,对于一个人有深交,你才能真正知道他。了解与同情是互为因果的,你对于一个人愈同情,就愈能了解他;你愈了解他,也就愈同情他。法国人有一句成语说:"了解一切,就是宽容一切。"(tout comprendre, c'est tout pardonner)。这句话说来像很容易,却是人生的最高智慧,需要极伟大的胸襟才能做到。古今有这种胸襟的只有几个大宗教家,像释迦牟尼和耶稣,有这种胸襟才能谈到大慈大悲;没有它,任何宗教都没有灵魂。修养这种胸襟的捷径是多与人做真正的好朋友,多与人推心置腹,从对于一部分人得到深刻的了解,做到对于一般人类起深厚的同情。从这方面看,交友的范围宜稍广泛,各种人都有最好,不必限于自己同行同趣味的。蒙田在他的论文里提出一个很奇怪主张,以为一个人只能有一个真正的朋友,我对这主张很怀疑。

交友是一件寻常事,人人都有朋友,交友却也不是一件易事,很少人有真正的朋友。势利之交固容易破裂,就是道义之交也有时不免闹意气之争。王安石与司马光、苏轼、程颢诸人在政治和学术上的侵轧便是好例。他们个个都是好人,彼此互有相当的友谊,而结果闹成和世俗人一般的翻云覆雨。交道之难,从此可见。从前人谈交道的话说得很多。例如"朋友有信","久而敬之","君子之交淡如水",视朋友须如自己,要急难相助,须知护友之短,像孔子不假盖于悭吝朋友;要劝善规过,但"不可则止,无自辱焉"。这些话都是说起来颇容易,做起来颇难。许多人都懂得这些道理,但是很少人真正会和人做朋友。

　　孔子尝劝人"无友不如己者",这话使我很徨徨不安。你不如我,我不和你做朋友,要我和你做朋友,就要你胜似我,这样我才能得益。但是这算盘我会打你也就会打,如果你也这么说,你我之间不就没有做朋友的可能么?柏拉图写过一篇谈友谊的对话,另有一番奇妙议论。依他看,善人无须有朋友,恶人不能有朋友,善恶混杂的人才或许需要善人为友来消除他的恶,恶去了,友的需要也就随之消灭。这话显然与孔子的话有些牴牾。谁是谁非,我至今不能断定,但是我因此想到朋友之中,人我的比较是一个重要问题,而这问题又和善恶问题密切相关。我从前研究美学上的欣赏与创造问题,得到一个和常识不相通的结论,就是:欣赏与创造根本难分,每人所欣赏的世界就是每人所创造的世界,就是他自己的情趣和性格的返照;你在世界中能"取"多少,就看你在你的性灵中能提出多少"与"它,物与我之中有一种生命的交流,深人所见于物者深,浅人所见于物者浅。现在我思索这比较实际的交友问题,觉得它与欣赏艺术自然的道理颇可暗合默契。你自己是什样的人,就会得到什样的朋友。人类心灵尝交感回流。你拿一分真心待人,人也就拿一分真心待你,你所"取"如何,就看你所"与"如何。"爱人者人恒爱之,敬人者人恒敬之。"人不爱你敬你,就显得你自己有损缺。你不必责人,先须返求诸己。不但在情感方面如此,在性格方面也都是如此。友必同心,所谓"心"是指性灵同在一个水准上。如果你我在性灵上有高低,我高就须感化你,把你提高到同样水准;你高也是如此,否则友谊就难成立。朋友往往是测量自己的一种最精确的尺度。你自己如果不是一个好朋友,就决不能希望得到一个好朋友。要是好朋友,自己须先是一个好人。我很相信柏拉图的"恶人不能有朋友"的那一句话。恶人可以做好朋友时,他在他方面尽管是坏,在能为好朋友一点上就可证明他还有人性,还不是一个绝对的恶人。说来说去,"同声相应,同气相求"那句老话还是对的,何以交友的道理在此,如何交友的方法也在此。交友和一般行为一样,我们应该常牢记在心的是"责己宜严,责人宜宽"。

(选自《谈修养》,重庆中周出版社 1943 年 5 月出版)

谈青年与恋爱结婚

在动物阶层，性爱不成问题，因为一切顺着自然倾向，不失时，不反常，所以也就合理。在原始人类社会，性爱不成为严重的问题，因为大体上还是顺自然倾向的，纵有社会裁制，习惯成了自然，大家也就相安无事。在近代开化的社会，性爱的问题变成很严重，因为自然倾向与社会裁制发生激烈的冲突，失时和反常的现象常发生，伦理的、宗教的、法律的、经济的、社会的关系愈复杂，纠纷愈多而解决愈困难。这困难成年人感觉到很迫切，青年人感觉到尤其迫切。性爱在青年期有一个极大的矛盾：一方面性欲在青年期由潜伏而旺盛，力量特别强烈；一方面种种理由使青年人不适宜于性生活的活动。

先说青年人不适宜于性爱的理由：

一、恋爱的正常归宿是结婚，结婚的正常归宿是生儿养女，成立家庭。青年除学习期，在事业上尚无成就，在经济上未能独立，负不起成立家庭教养子女的责任。恋爱固然可以不结婚，但是性的冲动培养到最紧张的程度而没有正常的发泄，那是违反自然，从医学和心理学观点看，对于身心都有很大的妨害。结婚固然也可以节制生育，但是寻常婚后生活中，子女的爱是夫妻中间一个重要的联系，培养起另一代人原是结婚男女的共同目标与共同兴趣，把这共同目标与共同兴趣用不自然的方法割去了，结婚男女的生活就很干枯，他们的情感也就逐渐冷淡。这对于种族和个人都没有裨益，失去了恋爱与婚姻的本来作用。

二、青年身体发展尚未完全成熟，早婚妨碍健康，尽人皆知；如果生儿养女，下一代人也必定比较羸弱，可以影响到民族的体力，我国已往在这方面吃的亏委实不小。还不仅此，据一般心理学家的观察，性格的成熟常晚于体格的成熟，青年在体格方面尽管已成年，在心理方面往往还很幼稚，男子尤其是如此。在二十余岁的光景，他们心中装满着稚气的幻想，没有多方的人生经验，认不清现实，情感游离浮动，理智和意志都很薄弱，性格极易变动，尤其是缺乏审慎周详的决[抉]择力与判断力，今天做的事明天就会懊悔。假如他们钟情一个女子，马上就会陷入沉醉迷狂状态，把爱的实现看得比世间任何事都较重要；达不到目的，世界就显得黑暗，人生就显得无味，觉得非自杀不可；达到目的，结婚就成了"恋爱的坟墓"，从前的仙子就是现在的手镣脚铐。到了这步田地，他们不是牺牲自己的幸福，就是牺牲别人的幸福。许多有为青年的前途就这样毁去了，让体格性格都不成熟的青年人去试人生极大的冒险，那简直是一个极大的罪孽。

三、人生可分几个时期，每时期有每时期的正当使命与正当工作。青年期的正当使命是准备做人，正当工作是学习。在准备做人时，在学习时，无论是恋爱或结婚都是一种妨害。人生精力有限，在恋爱和结婚上面消耗了一些，余剩可用于学习的就不够。在大学期间结婚的学生成绩必不会顶好，在中学期间结婚的学生的前途决不会有很大的希望。自己还带乳臭，就腼颜准备做父母，还满口在谈幸福，社会上有这现象，就显得它有些病态。恋爱用不着反对，结婚更用不着反对，只是不能

"用违其时"。禽兽性生活的优点就在不失时,一生中有一个正当的时期,一年中有一个正当的季节。在人类,正当的时期是壮年,老年人过时,青年人不及时,青年人恋爱结婚,与老年人恋爱结婚,是同样的反常可笑。

假如我们根据这几条理由,就绝对反对青年讲恋爱,是否可能呢?我自己也是过来人,略知此中甘苦,凭自己的经验和对旁人的观察,我可以大胆地说:在三十岁以前,一个人假如不受爱情的搅扰,对男女间事不发生很大的兴趣,专心致志地去做他的学问,那是再好没有的事,他可以多得些成就,少得些苦恼。我还可以说,像这样天真烂漫地过去青春的人,世间也并非绝对没有;而且如果我们认定三十岁左右为正当的结婚年龄,从生物学观点看,这种人也不能算是不自然或不近人情。不过我们也须得承认,在近代社会中,这种浑厚的青年人确实很少;少的原因是在近代生活对于性爱有许多不健康的暗示与刺激,以及教育方面的欠缺。家庭和学校对男女间事绝对不准谈,仿佛这中间事极神秘或是极不体面,有不可告人处。只这印象对儿童们影响就很坏。他们好奇心特别强,你愈想瞒,他们就愈想知道。他们或是从大人方面窥出一些偷偷摸摸的事,或是从一块儿游戏的顽童听到一些淫秽的话。不久他们的性的冲动逐渐发达了,这些不良的种子就在他们心中发芽生枝,好奇心以外又加上模仿本能的活动。他们开始看容易刺激性欲的小说或电影,注意窥探性生活的秘密,甚至想自己也跳到那热闹舞台上去表演。他们年纪轻,正当的对象自无法可得,于是演出种种"性的反常"现象,如同性爱、自性爱、手淫之类。如果他们生在都市里,年纪比较大一点,说不定还和不正当的女人来往。如果他们进了大学,读过一些讴歌恋爱的诗文,看过一些甜情蜜意的榜样,就会觉得恋爱是大学生活中应有的一幕,自己少不得也要凑趣应景,否则即是一个缺陷,一宗耻辱。我们可以说,现在一般青年从幼稚园到大学,沿途所学的性生活的影响都是不健康的，无怪他们向不健康的路径走。

自命为"有心人"的看到这种景象，或是嗟叹世风不古，或是诅咒近代教育，想拿古老的教条来钳制近代青年的活动。世风不古是事实，无用嗟叹，在任何时代，世风都不会"古"的。世界既已演变到现在这个阶段，要想回到男女授受不亲那种状态，未免是痴人说梦。我个人的主张是要把科学知识尽量地应用到性爱问题上面来，使一般人一方面明白它在生物学、生理学和心理学上的意义，一方面也认清它所连带的社会、政治、经济各方面的责任。这问题，像一切其他人生问题一样，可以用冷静的头脑去思索，不必把它摆在一种带有宗教性的神秘氛围里。神秘本身就是一种诱惑，暗中摸索都难免跌交。

就大体说，我赞成用很自然的方法引导青年撇开恋爱和结婚的路。所谓自然的方法有两种。第一是精力有所发挥，精神有所委托。一个人心无二用，却也不能没有所用。青年人精力最弥满，要他闲着无所用，就难免泛滥横流。假如他在工作里发生兴趣，在文艺里发生兴趣，甚至在游戏运动里发生兴趣，这就可以垄断他的心神，不叫它旁迁他涉。我知道很多青年因为心有所用，很自然地没有走上恋爱的路。第二是改善社交生活，使同情心得到滋养。青年人最需要的是同情，最怕的是寂寞，愈寂寞就愈感觉异性需要的迫切。一般青年追求异性，与其说是迫于性的冲动，勿宁说是迫于同情的需要。要满足这需要，社交生活如果丰富也就够了。一个青年如果有亲热的家庭生活，加上温暖的团体生活，不感觉到孤寂，他虽然还有"遇"恋爱的可能，却无"谋"恋爱的必要。

这番话并非反对男女青年的正常交接，反之，我认为男女社交公开是改善社交生活的一端。愈隔绝，神秘观念愈深，把男女关系看成神秘，从任何观点看，都是要不得的。我虽然赞成叔本华的"男女的爱都是性爱"的看法，却不敢同意王尔德的"男女间只有爱情而无友谊"的看法。因为友谊有深有浅，友谊没有深到变为爱情的程度是常见的。据我个人的观察，青年施受同情的需要虽很强烈，而把同情专注在某一个对象上并不是一个很自然的现象。无论在同性中或异性中，一个人很可能地同时有几个好友。交谊愈广泛，发生恋爱的可能性也就愈少。一个青年最危险的遭遇莫过于向来没有和一个女子有较深的接触，一碰见第一个女子就爱上了她。许多在男女社交方面没有经验的青年却往往是如此，而许多悲剧也就如此酿成。

在男女社交公开中，"遇"恋爱自然很可能，但是危险性比较小，双方对于异性都有较清楚的认识。既然"遇"上了恋爱，一个人最好认清这是一件极自然极平凡而亦极严重的事。他不应视为儿戏，却也不应沉醉在诗人的幻想里，他应该用最写实的态度去应付它。如果"恋爱至上"，他也要从生物学观点把它看成"至上"，与爱神无关，与超验哲学更无关。他就要准备作正常的归宿——结婚，生儿养女，和担负家庭的责任。

柏拉图到晚年计划第二"理想国"，写成一本书叫做《法律》，里面有一段话颇有意思，现在译来作本文的结束：

"我们的公民不应比鸟类和许多其他动物都不如，它们一生育就是一大群，不到生殖的年龄却不结婚，维持着贞洁。但是到了适当的时候，雌雄就配合起来，相欢相爱，终身过着圣洁和天真的生活，牢守着它们的原来的合同：——真的，我们应该向他们（公民们）说，你们须比禽兽高明些。"

（选自《谈修养》，重庆中周出版社1943年5月出版）

谈谦虚

说来说去,做人只有两桩难事,一是如何对付他人,一是如何对付自己。这归根还只是一件事,最难的事还是对付自己,因为知道如何对付自己,也就知道如何对付他人,处世还是立身的一端。

自己不易对付,因为对付自己的道理有一个模棱性,从一方面看,一个人不可无自尊心,不可无我,不可无人格。从另一方面看,他不可有妄自尊大心,不可执我,不可任私心成见支配。总之,他自视不宜太小,却又不宜太大,难处就在调剂安排,恰到好处。

自己不易对付,因为不容易认识,正如有力不能自举,有目不能自视。当局者迷,旁观者清。我们对于自己是天生成的当局者而不是旁观者,我们自囿于"我"的小圈子,不能跳开"我"来看世界,来看"我",没有透视所必需的距离,不能取正确观照所必需的冷静的客观态度,也就生成地要执迷,认不清自己,只任私心、成见、虚荣、幻觉种种势力支配,把自己的真实面目弄得完全颠倒错乱。我们像蚕一样,作茧自缚,而这茧就是自己对于自己所错认出来的幻相。真正有自知之明的人实在不多见。"知人则哲",自知或许是哲以上的事。"知道你自己"一句古训所以被称为希腊人最高智慧的结晶。

"知道你自己",谈何容易!在日常自我估计中,道理总是自己的对,文章总是自己的好,品格也总是自己的高,小的优点放得特别大,大的弱点缩得特别小。人常"阿其所好",而所好者就莫过于自己。自视高,旁人如果看得没有那么高,我们的自尊心就遭受了大打击,心中就结下深仇大恨。这种毛病在旁人,我们就马上看出;在自己,我们就熟视无睹。

希腊神话中有一个故事。一位美少年纳西司(Narcissus)自己羡慕自己的美,常伏在井栏上俯看水里自己的影子,愈看愈爱,就跳下去拥抱那影子,因此就落到井里淹死了。这寓言的意义很深永。我们都有几分"拉西司病",常因爱看自己的影子堕入深井而不自知。照镜子本来是好事,我们对于不自知的人常加劝告:"你去照照镜子看!"可是这种忠告是不聪明的,他看来看去,还是他自己的影子,像拉西司一样,他愈看愈自鸣得意,他的真正面目对于他自己也就愈模糊。他的最好的镜子是世界,是和他同类的人。他认清了世界,认清了人性,自然也就会认清自己,自知之明需要很深厚的学识经验。

德尔斐神谕宣示希腊说:苏格拉底是他们中间最大的哲人,而苏格拉底自己的解释是:他本来和旁人一样无知,旁人强不知以为知,他却明白自己的确无知,他比旁人高一着,就全在这一点。苏格拉底的话老是这样浅近而深刻,诙谐而严肃。他并非说客套的谦虚话,他真正了解人类知识的限度。"明白自己无知"是比得上苏格拉底的那样哲人才能达到的成就。有了这个认识,他不但认清了自己,多少也认清了宇宙。孔子也仿佛有这种认识。他说:"吾有知乎哉,无知也。"他告诉门人:"知之为知之,不知为不知,是知也。"所谓"不知之知"正是认识自己所看到的小天地之外还有无边世界。

这种认识就是真正的谦虚。谦虚并非故意自贬声价，作客套应酬，像虚伪者所常表现的假面孔；它是起于自知之明，知道自己所已知的比起世间所可知的非常渺小，未知世界随着已知世界扩大，愈前走发现天边愈远。他发现宇宙的无边无底，对之不能不起崇高雄伟之感，返观自己渺小，就不能不起谦虚之感。谦虚必起于自我渺小的意识，谦虚者的心目中必有一种为自己所不知不能的高不可攀的东西，老是要抬着头去望它。这东西可以是全体宇宙，可以是圣贤豪杰，也可以是一个崇高的理想。一个人必须见地高远，"知道天高地厚"才能真正地谦虚；不知道天高地厚的人就老是觉得自己伟大，海若未曾望洋，就以为"天下之美尽在己"。谦虚有它消极方面，就是自我渺小的意识；也有它积极方面，就是高远的瞻瞩与恢阔的胸襟。

看浅一点，谦虚是一种处世哲学。"人道恶盈而喜谦"，人本来没有可盈的时候，自以为盈，就无法再有所容纳，有所进益。谦虚是知不足，知不足然后能自强。一切自然节奏都是一起一伏。引弓欲张先弛，升高欲跳先蹲，谦虚是进取向上的准备。老子譬道，常用谷和水。"谷神不死"、"旷兮其若谷"、"上善若水"、"天下莫柔弱于水而攻坚强者莫之能胜"。谷虚所以有容，水柔所以不毁。人的谦虚可以说是取法于谷和水，它的外表虽是空旷柔弱，而它的内在的力量却极刚健。大易的谦卦六爻皆吉。作易的人最深知谦的力量，所以说，"谦尊而光，卑而不可逾"。道家与儒家在这一点认识上是完全相同的。这道理好比打太极拳，极力求绵软柔缓，可是"四两拨千斤"，极强悍的力士在这轻推慢挽之前可以望风披靡。古希腊的悲剧作者大半是了解这个道理的，悲剧中的主角往往以极端的倔强态度和不可以倔强胜的自然力量（希腊人所谓神的力量）搏斗，到收场时一律被摧毁，悲剧的作者拿这些教训在观众心中引起所谓"退让"（resignation）情绪，使人恍然大悟在自然大力之前，人是非常渺小的，人应该降下他的骄傲心，顺从或接收不可抵制的自然安排。这思想在后来耶稣教中也很占势力。近代科学主张"以顺从自然去征服自然",道理也是如此。

看深一点,谦虚是一种宗教情绪。这道理在上文所说的希腊悲剧中已约略可见。宗教都有一个被崇拜的崇高的对象,我们向外所呈献给被崇拜的对象是虔敬,向内所对待自己的是谦虚。虔敬和谦虚是宗教情绪的两方面,内外相应相成。这种情绪和美感经验中的"崇高意识"(sense of the sublime)以及一般人的英雄崇拜心理是相同的。我们突然间发现对象无限伟大,无形中自觉此身渺小,于是栗然生畏,肃然起敬;但是惊心动魄之余,就继以心领神会,物我交融,不知不觉中把自己也提升到那同样伟大的境界。对自然界的壮观如此,对伟大的英雄如此,对理想中所悬的全知全能的神或尽善尽美的境界也是如此。在这种心境中,我们同时感到自我的渺小和人性的尊严,自卑和自尊打成一片。

我们姑拿两首人人皆知的诗来说明这个道理。一是陈子昂的"前不见古人,后不见来者,念天地之悠悠,独怆然而泪〔涕〕下!"一是杜甫的,"侧身天地常怀古,独立苍茫自咏诗"。我们试玩味两诗所表现的心境。在这种际会,作者还是觉得上天下地,唯我独尊,因而踌躇满意呢,还是四顾茫茫,发见此身渺小而恍然若有所失呢!这两种心境在表面上是相反的,而在实际上却并行不悖,形成哲学家们所说的"相反者之同一"。在这种际会、骄傲和谦虚都失去了它们的寻常意义,我们骄傲到超出骄傲,谦虚到泯没谦虚。我们对庄严的世相呈献虔敬,对蕴藏人性的"我"也呈献虔敬。

有这种情绪的人才能了解宗教,释迦和耶稣都富于这种情绪,他们极端自尊也极端谦虚。他们知道自尊必从谦虚做起,所以立教特重谦虚。佛家的大戒是"我执"、"我慢"。佛家的哲学精义在"破我执"。佛徒在最初时期都须以行乞维持生活,所以叫做"比丘"。行乞是最好的谦虚训练。耶稣常溷身下层阶级，一再告诫门徒说："凡自己谦卑像这小孩的，他在天国里就是最大的"，"你们中间谁为大，谁就要做你们的用人，自高的必降为卑，自卑的必升为高"。这教训在中世纪发生影响极大，许多僧侣都操贱役，过极刻苦的生活，去实现谦卑（humiliation）的理想，圣佛兰西斯是一个很美的例证。

耶佛和其他宗教都有膜拜的典礼，它的意义深可玩味。在只是虚文时，它似很可鄙笑；在出于至诚时，它却是虔敬和谦虚的表现，人类可敬的动作就莫过于此。人难得弯下这个腰干，屈下这双膝盖，低下这颗骄傲的心，在真正可尊敬者的面前"五体投地"。有一次我去一个法会听经，看见皈依的信士们进来时恭恭敬敬地磕一个头，出去时又恭恭敬敬地磕一个头。我很受感动，也觉得有些些尴尬。我所深感惭愧的倒不是人家都磕头而我不磕头，而是我的衷心从来没有感觉到有磕头的需要。我虽是愚昧，却明白这足见性分的浅薄。我或是没有脱离"无明"，没有发现一种东西叫我敬仰到须向它膜拜的程度；或是没有脱离"我慢"，虽然发现了可膜拜者而仍以膜拜为耻辱。

"我慢"就是骄傲，骄傲是自尊情操的误用。人不可没有自尊情操，有自尊情操才能知耻，才能有所谓荣誉意识（sense of honour），才能有所为有所不为，也才能发奋向上。孔子说："知耻近乎勇"，和《学记》的"知不足然后能自强"，《易经》的"谦尊而光，卑而不可逾"两句名言意骨子里相同。近代心理学家阿德勒（Adler）把这个道理发挥得最透辟。依他看，我们有自尊心，不甘居下流，所以发现了自己的缺陷，就引以为耻，在心理形成所谓"卑劣结"（inferiority complex），同时激起所谓"男性的抗议"（masculine protest），要努力弥补缺陷，消除卑劣，来显出自己的尊严。努力的结果往往不但弥补缺陷，而且所达到的成就反比本来没有缺陷的更优越。希腊的德摩斯梯尼斯本来口吃，不甘心受这缺陷的限制，发愤练习演说，于是成为最大的演说家，中国孙子因膑足而成兵法，左丘明因失明而成《国语》，司马迁因受宫刑而作《史记》，道理也是如此。阿德勒所谓"卑劣结"其实就是谦虚，"知耻"，或"知不足"；他的"男性抗议"就是"自强"，"近乎勇"或"卑而不可逾"。从这个解释，我们也可以看出谦虚与自尊心不但并不相反，而且是息息相通。真正有自尊心者才能谦虚，也才能发奋为雄。"尧，人也，舜，人也，有为者亦若是"，在作这种打算时，我们一方面自觉不如尧舜，那就是谦虚，一方面自觉应该如尧舜，那就是自尊。

骄傲是自尊情操的误用，是虚荣心得到廉价的满足。虚荣心和幻觉相连，有自尊而无自知。它本来起于社会本能——要见好于人；同时也带有反社会的倾向，要把人压倒，它的动机在好胜而不在向上，在显出自己的荣耀而不在理想的追寻。虚荣加上幻觉，于是在人我比较中，我们比得胜固然自骄其胜，比不胜也仿佛自以为胜，或是丢开定下来的标准，另寻自己的胜处。我们常暗地盘算：你比我能干，可是我比你有学问；你干的那一行容易，地位低，不重要，我干的才是真正了不起的事业；你的成就固然不差，可是如果我有你的地位和机会，我的成就一定比你更好。总之，我们常把眼睛瞟着四周的人，心里作一个结论："我比你强一点！"于是伸起大拇指，洋洋自得，并且期望旁人都甘拜下风，这就是骄傲。人之骄傲，谁不如我？我以压倒你为快，你也以压倒我为快。无论谁压倒谁，妒忌、忿恨、争斗以及它们所附带的损害和苦恼都在所不免。人与人，集团与集团，国家与国家，中间许多灾祸都是这样酿成的。"礼至而民不争"，礼之端就是辞让，也就是谦虚。

欢喜比照人己而求己比人强的人大半心地窄狭，谩世傲物的人要归到这一类。他们昂头俯视一切，视一切为"卑卑不足道"，"望望然去之"。阮籍能为青白眼，古今传为美谈。这种谩世傲物的态度在中国向来颇受人重视。从庄子的"让王"类寓言起，经过魏晋清谈，以至后世对于狂士和隐士的崇拜，都可以表现这种态度的普遍。这仍是骄傲在作崇。在清高的烟幕之下藏着一种颇不光明的动机。"人都龌龊,只有我干净"(所谓"世人皆浊我独清"),他们在这种自信或幻觉中酖醉而陶然自乐。熟看《世说新语》,我始而羡慕魏晋人的高标逸致,继而起一种强烈的反感,觉得那一批人毕竟未闻大道,整天在臧否人物,自鸣得意,心地毕竟局促。他们忘物而未能忘我,正因其未忘我而终亦未能忘物,态度毕竟是矛盾。魏晋人自有他们的苦闷,原因也就在此。"人都龌龊,只有我干净。"这看法或许是幻觉,或许是真理。如果它是幻觉,那是妄自尊大;如果它是真理,就引以自豪,也毕竟是小气。孔子、释迦、耶稣诸人未尝没有这种看法,可是他们的心理反应不是骄傲而是怜悯,不是遗弃而是援救。长沮桀溺说:"滔滔者天下皆是,而谁以易之",孔子说:"鸟兽不可与同群,吾非斯人之徒之与而谁与?"这是漫世傲物者与悲天悯人者在对人对己的态度上的基本分别。

人生本来有许多矛盾的现象,自视愈大者胸襟愈小,自视愈小者胸襟愈大。这种矛盾起于对于人生理想所悬的标准高低。标准悬得愈低,愈易自满,标准悬得愈高,愈自觉不足。虚荣者只求胜过人,并不管所拿来和自己比较的人是否值得做比较的标准。只要自己显得是长子,就在矮人国中也无妨。孟子谈交友的对象,分出"一乡之善士","一国之善士","天下之善士","古之人"四个层次。我们衡量人我也要由"一乡之善士"扩充到"古之人"。大概性格愈高贵,胸襟愈恢阔,用来衡量人我的尺度也就愈大,而自己也就显得愈渺小。一个人应该有自己渺小的意识,不仅是当着古往今来的圣贤豪杰的面前,尤其是当着自然的伟大,人性的尊严和时空的无限。你要拿人比自己,且抛开张三李四,比一比孔子、释迦、耶稣、屈原、杜甫、米开朗琪罗、贝多芬,或是爱迪生!且抛开你的同类,比一比太平洋、大雪山、诸行星的演变和运行,或是人类知识以外的那一个茫茫宇宙!在这种比较之后,你如果不为伟大崇高之感所撼动而俯首下心,肃然起敬,你就没有人性中最高贵的成分。你如果不盲目,看得见世界的博大,也看得见世界的精微,你想一想,世间哪里有临到你可凭以骄傲的?

在见道者的高瞻远瞩中,"我"可以缩到无限小,也可以放到无限大。在把"我"放到无限大时,他们见出人性的尊严;在把"我"缩到无限小时,他们见出人性在自己小我身上所实现的非常渺小。这两种认识合起来才形成真正的谦虚。佛家法相一宗把叫做"我"的肉体分析为"扶根尘",和龟毛兔角同为虚幻,把"我"的通常知见都看成幻觉,和镜花水月同无实在性。这可算把自我看成极渺小。可是他们同时也把宇宙一切,自大地山河以至玄理妙义,都统摄于圆湛不生灭妙明真心,万法唯心所造,而此心却为我所固有,所以"明心见性","即心即佛"。这就无异于说,真正可以叫做"我"的那种"真如自性"还是在我,宇宙一切都由它生发出来,"我"就无异于创世主。这对于人性却又看得何等尊严!不但宗教家,哲学家像柏拉图、康德诸人大抵也还是如此看法。我们先秦儒家的看法也不谋而合。儒本有"柔懦"的意义,儒家一方面继承"一命而偻,再命而伛,三命而俯,循墙而走"那种传统的谦虚恭谨,一方面也把"我"看成"与天地合德"。他们说:"返身而诚,万物皆备于我矣","能尽人之性,则能尽物之性;能尽物之性,则可以赞天地之化育,与天地参矣"。他们拿来放在自己肩膀上的责任是"为天地立心,为生民立命,为往圣继绝学,为万世开太平"。这种"顶天立地,继往开来"的自觉是何等尊严!

意识到人性的尊严而自尊,意识到自我的渺小而自谦,自尊与自谦合一,于是法天行健,自强不息,这就是《易经》所说的"谦尊而光,卑而不可逾"。

(载《当代文艺》第1卷第2期,1944年2月)

辑四 艺文杂谈

无言之美

孔子有一天突然很高兴地对他的学生说:"予欲无言。"子贡就接着问他:"子如不言,则小子何述焉?"孔子说:"天何言哉?四时行焉,百物生焉。天何言哉?"

这段赞美无言的话,本来从教育方面着想。但是要明了无言的意蕴,宜从美术观点去研究。

言所以达意,然而意决不是完全可以言达的。因为言是固定的,有迹象的;意是瞬息万变,飘渺无踪的。言是散碎的,意是混整的。言是有限的,意是无限的。以言达意,好像用继续的虚线画实物,只能得其近似。

所谓文学,就是以言达意的一种美术。在文学作品中,语言之先的意象,和情绪意旨所附丽的语言,都要尽美尽善,才能引起美感。

尽美尽善的条件很多。但是第一要不违背美术的基本原理,要"和自然逼真"(true to nature):这句话讲得通俗一点,就是说美术作品不能说谎。不说谎包含有两种意义:一、我们所说的话,就恰似我们所想说的话。二、我们所想说的话,我们都吐肚子说出来了,毫无余蕴。

意既不可以完全达之以言,"和自然逼真"一个条件在文学上不是做不到么?或者我们问得再直截一点,假使语言文字能够完全传达情意,假使笔之于书的和存之于心的铢两悉称,丝毫不爽,这是不是文学上所应希求的一件事?

这个问题是了解文学及其他美术所必须回答的。现在我们姑且答道:文字语言固然不能全部传达情绪意旨,假使能够,也并非文学所应希求的。一切美术作品也都是这样,尽量表现,非惟不能,而也不必。

先从事实下手研究。譬如有一个荒村或任何物体,摄影家把它照一幅相,美术家把它画一幅画。这种相片和图画可以从两个观点去比较:第一,相片或图画,那一个较"和自然逼真"?不消说得,在同一视阈以内的东西,相片都可以包罗尽致,并且体积比例和实物都两两相称,不会有丝毫错误。图画就不然;美术家对一种境遇,未表现之先,先加一番选择。选择定的材料还须经过一番理想化,把美术家的人格参加进去,然后表现出来。所表现的只是实物一部分,就连这一部分也不必和实物完全一致。所以图画决不能如相片一样"和自然逼真"。第二,我们再问,相片和图画所引起的美感那一个浓厚,所发生的印象那一个深刻,这也不消说,稍有美术口胃的人都觉得图画比相片美得多。

文学作品也是同样。譬如《论语》,"子在川上曰:'逝者如斯夫,不舍昼夜!'"几句话决没完全描写出孔子说这番话时候的心境,而"如斯夫"三字更笼统,没有把当时的流水形容尽致。如果说详细一点,孔子也许这样说:"河水滚滚地流去,日夜都是这样,没有一刻停止。世界上一切事物不都像这流水时常变化不尽么?过去的事物不就永远过去决不回头么?我看见这流水心中好不惨伤呀!……"但是纵使这样说去,还没有尽意。而比较起来,"逝者如斯夫,不舍昼夜!"九个字比这段长而臭的演义就值得玩味多了!在上等文学作品中,——尤其在诗词中——这种言不尽意的例子处处都可以看见。譬如陶渊明的《时运》,"有风自南,翼彼新苗";《读〈山海经〉》,"微雨从东来,好风与之俱";本来没有表现出诗人的情绪,然而玩味起来,自觉有一种闲情逸致,令人心旷神怡。钱起的《省试湘灵鼓瑟》末二句,"曲终人不见,江上数峰青",也没有说出诗人的心绪,然而一种凄凉惜别的神情自然流露于言语之外。此外像陈子昂的《幽州台怀古》,"前不见古人,后不见来者,念天地之幽幽,独怆然而泪[涕]下!"李白的《怨情》,"美人卷珠帘,深坐颦蛾眉。但见泪痕湿,不知心恨谁。"虽然说明了诗人的情感,而所说出来的多么简单,所含蓄的多么深远?再就写景说,无论何种境遇,要描写得惟妙惟肖,都要费许多笔墨。但是大手笔只选择两三件事轻描淡写一下,完全境遇便呈露眼前,栩栩欲生。譬如陶渊明的《归园田居》,"方宅十余亩,草屋八九间。榆柳阴后檐,桃李罗堂前。暧暧远人村,依依墟里烟。狗吠深巷中,鸡鸣桑树巅。"四十字把乡村风景描写多么真切!再如杜工部的《后出塞》,"落日照大旗,马鸣风萧萧。平沙列万幕,部伍各见招。中天悬明月,令严夜寂寥。悲笳数声动,壮士惨不骄。"寥寥几句话,把月夜沙场状况写得多么有声有色,然而仔细观察起来,乡村景物还有多少为陶渊明所未提及,战地情况还有多少为杜工部所未提及。从此可知文学上我们并不以尽量表现为难能可贵。

在音乐里面,我们也有这种感想,凡是唱歌奏乐,音调由洪壮急促而变到低微以至于无声的时候,我们精神上就有一种沉默肃穆和平愉快的景象。白香山在《琵琶行》里形容琵琶声音暂时停顿的情况说,"冰泉冷涩弦凝绝,凝绝不通声暂歇。别有幽愁暗恨生,此时无声胜有声。"这就是形容音乐上无言之美的滋味。著名英国诗人济慈(Keats)在《希腊花瓶歌》也说,"听得见的声调固然幽美,听不见的声调尤其幽美"(Heard melodies are sweet; but those unheard are sweeter),也是说同样道理。大概喜欢音乐的人都尝过此中滋味。

就戏剧说，无言之美更容易看出。许多作品往往在热闹场中动作快到极重要的一点时，忽然万籁俱寂，现出一种沉默神秘的景象。梅特林克(Maeterlinck)的作品就是好例。譬如《青鸟》的布景，择夜阑人静的时候，使重要角色睡得很长久，就是利用无言之美的道理。梅氏并且说："口开则灵魂之门闭，口闭则灵魂之门开。"赞无言之美的话不能比此更透辟了。莎士比亚的名著《哈姆雷特》一剧开幕便描写更夫守夜的状况，德林瓦特(Drinkwater)在其《林肯》中描写林肯在南北战争军事旁午的时候跪着默祷，王尔德(O. Wilde)的《温德梅尔夫人的扇子》里面描写温德梅尔夫人私奔在她的情人寓所等候的状况，都在兴酣局紧，心悬悬渴望结局时，放出沉默神秘的色彩，都足以证明无言之美的。近代又有一种哑剧和静的布景，或只有动作而无言语，或连动作也没有，就将靠无言之美引人入胜了。

雕刻塑像本来是无言的，也可以拿来说明无言之美。所谓无言，不一定指不说话，是注重在含蓄不露。雕刻以静体传神，有些是流露的，有些是含蓄的。这种分别在眼睛上尤其容易看见。中国有一句谚语说，"金刚怒目，不如菩萨低眉"，所谓怒目，便是流露；所谓低眉，便是含蓄。凡看低头闭目的神像，所生的印象往往特别深刻。最有趣的就是西洋爱神的雕刻，她们男女都是瞎了眼睛。这固然根据希腊的神话，然而实在含有美术的道理，因为爱情通常都在眉目间流露，而流露爱情的眉目是最难比拟的。所以索性雕成盲目，可以耐人寻思。当初雕刻家原不必有意为此，但这些也许是人类不用意识而自然碰的巧。

要说明雕刻上流露和含蓄的分别，希腊著名雕刻《拉奥孔》(Laocoon)是最好的例子。相传拉奥孔犯了大罪，天神用了一种极惨酷的刑法来惩罚他，遣了一条恶蛇把他和他的两个儿子在一块绞死了。在这种极刑之下，未死之前当然有一种悲伤惨感目不忍睹的一顷刻，而希腊雕刻家并不擒住这一顷刻来表现，他只把将达苦痛极点前一顷刻的神情雕刻出来,所以他所表现的悲哀是含蓄不露的。倘若是流露的,一定带了挣扎呼号的样子。这个雕刻,一眼看去,只觉得他们父子三人都有一种难言之恫[恸];仔细看去,便可发见条条筋肉根根毛孔都暗示一种极苦痛的神情。德国莱辛(Lessing)的名著《拉奥孔》就根据这个雕刻,讨论美术上含蓄的道理。

以上是从各种艺术中信手拈来的几个实例。把这些个别的实例归纳在一起,我们可以得一个公例,就是:拿美术来表现思想和情感,与其尽量流露,不如稍有含蓄;与其吐肚子把一切都说出来,不如留一大部分让欣赏者自己去领会。因为在欣赏者的头脑里所生的印象和美感,有含蓄比较尽量流露的还要更加深刻。换句话说,说出来的越少,留着不说的越多,所引起的美感就越大越深越真切。

这个公例不过是许多事实的总结束。现在我们要进一步求出解释这个公例的理由。我们要问何以说得越少,引起的美感反而越深刻?何以无言之美有如许势力?

想答复这个问题,先要明白美术的使命。人类何以有美术的要求?这个问题本非一言可尽。现在我们姑且说,美术是帮助我们超现实而求安慰于理想境界的。人类的意志可向两方面发展:一是现实界,一是理想界。不过现实界有时受我们的意志支配,有时不受我们的意志支配。譬如我们想造一所房屋,这是一种意志。要达到这个意志,必费许多力气去征服现实,要开荒辟地,要造砖瓦,要架梁柱,要赚钱去请泥水匠。这些事都是人力可以办到的,都是可以用意志支配的。但是现实界凡物皆向地心下坠一条定律,就不可以用意志征服。所以意志在现实界活动,处处遇障碍,处处受限制,不能圆满地达到目的,实际上我们的意志十之八九都要受现实限制,不能自由发展。譬如谁不想有美满的家庭?谁不想住在极乐国?然而在现实界决没有所谓极乐美满的东西存在。因此我们的意志就不能不和现实发生冲突。

一般人遇到意志和现实发生冲突的时候,大半让现实征服了意志,走到悲观烦闷的路上去,以为件件事都不如人意,人生还有什么意味?所以堕落,自杀,逃空门种种的消极的解决法就乘虚而入了,不过这种消极的人生观不是解决意志和现实冲突最好的方法。因为我们人类生来不是懦弱者,而这种消极的人生观甘心让现实把意志征服了,是一种极懦弱的表示。

然则此外还有较好的解决法么?有的,就是我所谓超现实。我们处世有两种态度,人力所能做到的时候,我们竭力征服现实。人力莫可奈何的时候,我们就要暂时超脱现实,储蓄精力待将来再向他方面征服现实。超脱到那里去呢?超脱到理想界去。现实界处处有障碍有限制,理想界是天空任鸟飞,极空阔极自由的。现实界不可以造空中楼阁,理想界是可以造空中楼阁的。现实界没有尽美尽善,理想界是有尽美尽善的。

姑取实例来说明。我们走到小城市里去,看见街道窄狭污浊,处处都是阴沟厕所,当然感觉不快,而意志立时就要表示态度。如果意志要征服这种现实哩,我们就要把这种街道房屋一律拆毁,另造宽大的马路和清洁的房屋。但是谈何容易?物质上发生种种障碍,这一层就不一定可以做到。意志在此时如何对付呢?他说:我要超脱现实,去在理想界造成理想的街道房屋来,把它表现在图画上,表现在雕刻上,表现在诗文上。于是结果有所谓美术作品。美术家成了一件作品,自己觉得有创造的大力,当然快乐已极。旁人看见这种作品,觉得它真美丽,于是也愉快起来了,这就是所谓美感。

因此美术家的生活就是超现实的生活;美术作品就是帮助我们超脱现实到理想界去求安慰的。换句话说,我们有美术的要求,就因为现实界待遇我们太刻薄,不肯让我们的意志推行无碍,于是我们的意志就跑到理想界去求慰情的路径。美术作品之所以美，就美在它能够给我们很好的理想境界。所以我们可以说，美术作品的价值高低就看它超现实的程度大小，就看它所创造的理想世界是阔大还是窄狭。

但是美术又不是完全可以和现实界绝缘的。它所用的工具——例如雕刻用的石头，图画用的颜色，诗文用的语言——都是在现实界取来的。它所用的材料——例如人物情状悲欢离合——也是现实界的产物。所以美术可以说是以毒攻毒，利用现实的帮助以超脱现实的苦恼。上面我们说过，美术作品的价值高低要看它超脱现实的程度如何。这句话应稍加改正，我们应该说，美术作品的价值高低，就看它能否借极少量的现实界的帮助，创造极大量的理想世界出来。

在实际上说，美术作品借现实界的帮助愈少，所创造的理想世界也因而愈大。再拿相片和图画来说明。何以相片所引起的美感不如图画呢？因为相片上一形一影，件件都是真实的，而且应有尽有，发泄无遗。我们看相片，种种形影好像钉子把我们的想象力都钉死了。看到相片，好像看到二五，就只能想到一十，不能想到其他数目。换句话说，相片把事物看得忒真，没有给我们以想象余地。所以相片，只能抄写现实界，不能创造理想界。图画就不然。图画家用美术眼光，加一番选择的功夫，在一个完全境遇中选择了一小部事物，把它们又经过一番理想化，然后才表现出来。惟其留着一大部分不表现，欣赏者的想象力才有用武之地。想象作用的结果就是一个理想世界。所以图画所表现的现实世界虽极小而创造的理想世界则极大。孔子谈教育说，"举一隅不以三隅反，则不复也。"相片是把四隅通举出来了，不要你劳力去"复"。图画就只举一隅，叫欣赏者加一番想象，然后"以三隅反"。

流行语中有一句说："言有尽而意无穷"。无穷之意达之以有尽之言，所以有许多意，尽在不言中。文学之所以美，不仅在有尽之言，而尤在无穷之意。推广地说，美术作品之所以美，不是只美在已表现的一部分，尤其是美在未表现而含蓄无穷的一大部分，这就是本文所谓无言之美。

因此美术要和自然逼真一个信条应该这样解释：和自然逼真是要窥出自然的精髓所在，而表现出来；不是说要把自然当作一篇印版文字，很机械地抄写下来。

这里有一个问题会发生。假使我们欣赏美术作品，要注重在未表现而含蓄着的一部分，要超"言"而求"言外意"，各个人有各个人的见解，所得的言外意不是难免殊异么？当然，美术作品之所以美，就美在有弹性，能拉得长，能缩得短。有弹性所以不呆板。同一美术作品，你去玩味有你的趣味，我去玩味有我的趣味。譬如莎氏乐府所以在艺术上占极高位置，就因为各种阶级的人在不同的环境中都欢喜读他。有弹性所以不陈腐。同一美术作品，今天玩味有今天的趣味，明天玩味有明天的趣味。凡是经不得时代淘汰的作品都不是上乘。上乘文学作品，百读都令人不厌的。

就文学说，诗词比散文的弹性大；换句话说，诗词比散文所含的无言之美更丰富。散文是尽量流露的，愈发挥尽致，愈见其妙。诗词是要含蓄暗示，若即若离，才能引人入胜。现在一般研究文学的人都偏重散文——尤其是小说。对于诗词很疏忽。这件事实可以证明一般人文学欣赏力很薄弱。现在如果要提高文学，必先提高文学欣赏力，要提高文学欣赏力，必先在诗词方面特下功夫，把鉴赏无言之美的能力养得很敏捷。因此我很望文学创作者在诗词方面多努力，而学校国文课程中诗歌应该占一个重要的位置。

本文论无言之美，只就美术一方面着眼。其实这个道理在伦理哲学教育宗教及实际生活各方面，都不难发现。老子《道德经》开卷便说："道可道，非常道；名可名，非常名。"这就是说伦理哲学中有无言之美。儒家谈教育，大半主张潜移默化，所以拿时雨春风做比喻。佛教及其他宗教之能深入人心，也是借沉默神秘的势力。幼稚园创造者蒙台梭利利用无言之美的办法尤其有趣。在她的幼稚园里，教师每天趁儿童顽得很热闹的时候，猛然地在粉板上写一个"静"字，或奏一声琴。全体儿童于是都跑到自己的座位去，闭着眼睛蒙着头伏案假睡的姿势，但是他们不可睡着。几分钟后，教师又用很轻微的声音，从颇远的地方呼唤各个儿童的名字。听见名字的就要立刻醒起来。这就是使儿童可以在沉默中领略无言之美。

就实际生活方面说，世间最深切的莫如男女爱情。爱情摆在肚子里面比摆在口头上来得恳切。"齐心同所愿，含意俱未伸"和"更无言语空相觑"，比较"细语温存""怜我怜卿"的滋味还要更加甜蜜。英国诗人布莱克（Blake）有一首诗叫做《爱情之秘》（Love's Secret）里面说：

（一）切莫告诉你的爱情，
爱情是永远不可以告诉的，
因为她像微风一样，
不做声不做气的吹着。
（二）我曾经把我的爱情告诉而又告诉，
我把一切都披肝沥胆地告诉爱人了，
打着寒颤，耸头发地告诉，
然而她终于离我去了！
（三）她离我去了，
不多时一个过客来了。
不做声不做气地，只微叹一声，
便把她带去了。

这首短诗描写爱情上无言之美的势力，可谓透辟已极了。本来爱情完全是一种心灵的感应,其深刻处是老子所谓不可道不可名的。所以许多诗人以为"爱情"两个字本身就太滥太寻常太乏味,不能拿来写照男女间神圣深挚的情绪。

其实何只爱情?世间有许多奥妙,人心有许多灵悟,都非言语可以传达,一经言语道破,反如甘蔗渣滓,索然无味。这个道理还可以推到宇宙人生诸问题方面去。我们所居的世界是最完美的,就因为它是最不完美的。这话表面看去,不通已极。但是实在含有至理。假如世界是完美的,人类所过的生活——比好一点,是神仙的生活,比坏一点,就是猪的生活——便呆板单调已极,因为倘若件件都尽美尽善了,自然没有希望发生,更没有努力奋斗的必要。人生最可乐的就是活动所生的感觉,就是奋斗成功而得的快慰。世界既完美,我们如何能尝创造成功的快慰?这个世界之所以美满,就在有缺陷,就在有希望的机会,有想象的田地。换句话说,世界有缺陷,可能性(potentiality)才大。这种可能而未能的状况就是无言之美。世间有许多奥妙,要留着不说出;世间有许多理想,也应该留着不实现。因为实现以后,跟着"我知道了!"的快慰便是"原来不过如是!"的失望。

天上的云霞有多么美丽!风涛虫鸟的声息有多么和谐!用颜色来摹绘,用金石丝竹来比拟,任何美术家也是作践天籁,糟蹋自然!无言之美何限?让我这种拙手来写照,已是糟粕枯骸!这种罪过我要完全承认的。倘若有人骂我胡言乱道,我也只好引陶渊明的诗回答他说:"此中有真味,欲辨已忘言!"

1924年仲冬于上虞白马湖
(载《民铎》第5卷5期,1924年出版)

《雨天的书》[1]

周先生在《自序》里说:"今年冬天特别的多雨。……想要做点正经的工作,心思散漫,好像是出了气的烧酒,一点味道都没有,只好随便写一两行,并无别的意思,聊以对付这雨天的气闷光阴罢了。"这是《雨天的书》命名所由来。从这番解释看来,"书"与"雨"像是偶然的凑合;但是实际上这并非偶然,除着《雨天的书》,这本短文集找不出更惬当的名目了。

这书的特质,第一是清,第二是冷,第三是简洁,你在雨天拿这本书看过,把雨所生的情感和书所生的情感两相比较,你大概寻不出分别,除非雨的阴沉和雨的缠绵。这两种讨人嫌的雨性幸而还没渗透到《雨天的书》里来。

在《苍蝇》篇里,作者引了小林一茶的一句诗:"不要打哪,苍蝇搓他的手,搓他的脚呢。"他接着说:"我读这一句常常想起自己的诗觉得惭

---

[1] 《雨天的书》,周作人著。——编者

愧,不过我的心情总不能达到那一步,所以也是无法。"在《自序》里,谈到这个缺憾,他归咎于气质境地说:"我近来作文极慕平淡自然的景地。但是看古代或外国文学才有此种作品,自己还梦想不到有能做的一天,因为这有气质境地与年龄的关系,不可勉强。像我这样褊急的脾气的人,生在中国这个时代,实在难望能够从容镇静地做出平和冲淡的文章来。"丁敬礼说:"文之工拙,吾自知之,后世谁相知定吾文者!"我们读周先生这一番话,固然不敢插嘴,但是总嫌他过于谦虚,小林一茶的那种闲情逸趣,周先生虽还不能比拟,而在现代中国作者中,周先生而外,很难找得第二个人能够做得清淡的小品文字。他究竟是有些年纪的人,还能领略闲中清趣。如今天下文人学者都在那儿著书或整理演讲集,谁有心思去理会苍蝇搓手搓脚!然而在读过装模做样的新诗或形容词堆砌成的小说(应该说"创作")以后,让我们同周先生坐在一块,一口一口的啜着清茗,看着院子里花条虾蟆戏水,听他谈"故乡的野菜","北京的茶食",二十年前的江南水师学堂,和清波门外的杨三姑一类的故事,却是一大解脱。

周先生自己说是绍兴人,没有脱去"师爷气"。他和鲁迅是弟兄,所以作风很相近。但是作人先生是师爷派的诗人,鲁迅先生是师爷派的小说家,所以师爷气在《雨天的书》里只是冷,在《华盖集》里便不免冷而酷了。《雨天的书》里谈主义和批评社会习惯的文字露出师爷气最鲜明,——尤其是从《我们的敌人》至《沉默》(95 页至 196 页)二十几篇。这二十几篇文章未尝不好,但在全书中,未免稍逊一筹。作者的谐趣在本书前半表现得最好。比方《死之默想》篇中有一段说:

  苦痛比死还可怕,这是实在的事。十多年前,有一个远房伯母,十分困苦,在十二月底想投河寻死,(我们乡间的河是经冬不冻的,)但是投了下去,她随即走了上来,说是因为水太冷了。

这就是我所谓"冷"。他是准备发笑的,可是笑到喉头就忍住了。有时候他也忍不住,要流露在面孔上来,比方他批评反对泰戈尔来华的人说:

这位梵志泰翁无论怎么样了不得,我想未必能及释迦文佛,要说他的演讲于将来中国的生活会有什么影响,我实在不能附和,——我悬揣这个结果,不过送一个名字,刊几篇文章,先农场真光剧场看几回热闹,素菜馆洋书铺多一点生意罢了,随后大家送他上车完事,与罗素、杜威(杜里舒不必提了)走后一样。然而目下那些热心的人急急皇皇奔走呼号,好像是大难临头,不知到底怕的是什么。

这里他虽然好奇似的动了一动,却是还保存着一种轻视的冷静。

作者的心情很清淡闲散,所以文字也十分简洁。听说周先生平时也主张国语文欧化,可是《雨天的书》里面绝少欧化的痕迹。我对于国语文欧化颇甚怀疑。近代大批评学者圣伯夫(Sainte Beuve)说《罗马帝国衰亡史》著者吉本(Gibbon)的文字受法国的影响太深,所以减色不少。英、法文构造相似,法文化的英文犹且有毛病。中文与西文悬殊太远,要想国语文欧化,恐不免削足适屦[履]。我并非说中文绝对不可参以欧化,我以为欧化的分量不可过重,重则佶倔不自然。想改良国语,还要从研究中国文言文中习惯语气入手。想做好白话文,读若干上品的文言文或且十分必要。现在白话文的作者当推胡适之、吴稚晖、周作人、鲁迅诸先生,而这几位先生的白话文都有得力于古文的处所(他们自己也许不承认)。我们姑且在《雨天的书》中择几段出来:

我从小知道"病从口入祸从口出"的古训,后来又想溷迹于绅

175

士淑女之林,更努力学为周慎。无如旧性难移,燕尾之服终不能掩羊脚,检阅旧书,满口柴胡,殊少敦厚温和之气。呜呼,我其终为"师爷派"矣乎?虽然,此亦属没有法子,我不必因自以为越人而故意如此,亦不必因其为学士大夫所不喜而故意不如此。我有志为京兆人,而自然乃不容我不为浙人,则我亦随便而已耳。——《雨天的书》第5页。

妻同我商量,若子的兄姊十岁的时候,都花过十来块钱,分给用人并吃点东西当作纪念,去年因为筹不出这笔款,所以没有这样办,这回病好之后,须得设法来补做,并以祝贺病愈,她听懂了这会话的意思,便反对说,"这样办不好。倘若今年做了十岁,那么明年岂不就是十一岁么?"我们听了,不禁破颜一笑。——第33页。

喝茶当于瓦屋纸窗之下,清泉绿茶,用素雅的陶瓷茶具,同二三人共饮,得半日之闲,可抵十年的尘梦。喝茶之后,再去继续修各人的胜业,无论为名为利,都无不可,但偶然间片刻优游乃正亦断不可少,中国喝茶时多吃瓜子,我觉得不甚适宜;喝茶时可吃的东西应当是清淡的茶食。……江南茶馆中有一种干丝,用豆腐干切成细丝,加姜丝酱油,重汤燉热,上浇麻油,出以供客,其利益为堂倌所独有。豆腐干中本有一种茶干,今变而为丝,亦颇与茶相宜。——73页至74页。

稍读旧书的人大约都觉得这种笔调,似旧相识。第一例虽以拟古开玩笑,然自亦有其特殊风味。吴稚晖的散文的有趣,即不外乎此。现在我们不必评论是非,我们只说这种清淡的文章比较装模做样佶倔聱牙的欧化文容易引起兴味些。任凭新文学家们如何称赞他们的"创作",我们普通的读者只能敬谢不敏的央求道:"你们那样装模做样堆字积句的文章固然是美,只是我们读来有些头痛。你们不能说得简单明了些么?"

　　文学家们也许笑我们浅陋,顽固,但是我们都不管,我们有许多简朴的古代伟大作者,最近我们有《雨天的书》,——虽然这只是一种小品。

(载《一般》第1卷第3期,1926年11月)

两种美

　　自然界事事物物都是理式的象征,都是共相的殊相,像柏拉图所比拟的,都是背后堤上的行人射在面前墙壁上的幻影。科学家哲学家和美术家都想揭开自然之秘,在殊相中见出共相。但是他们的出发点不同,目的不同,因而在同一殊相中所见得的共相也不一致。

　　比如走进一个园子里,你抬头看见一只老鹰坐在苍劲的古松上向你瞪着雄纠纠的眼,回头又看见池边旖旎的柳枝上有一只娇滴滴的黄莺在那儿临风弄舌,这些不同的物件在你胸中所引起的情感是什样的呢?依科学家看,松和柳同具"树"的共相,鹰和莺同具"鸟"的共相,然而在情感方面,老鹰却和古松同调,娇莺却和嫩柳同调;借用名学的术语在美术上来说,鹰和松同具一个美的共相,莺和柳又同具一个美的共相,它们所象征的全然不同。倘若莺飞上松顶,鹰栖在柳枝,你登时就会发生不调和的感觉,虽然为变化出奇起见,这种不伦不类的配合有时也为美术家所许可的。

　　自然界有两种美:老鹰古松是一种,娇莺嫩柳又是一种。倘若你细心体会,凡是配用"美"字形容的事物,不属于老鹰古松的一类,就属于娇莺嫩柳的一类,否则就是两类的混和。从前人有两句六言诗说:"骏马秋风冀北,杏花春雨江南。"这两句诗每句都只提起三个殊相,然而可象征一切美。你遇到任何美的事物,都可以拿它们做标准来分类。比如说峻崖,悬瀑,狂风,暴雨,沉寂的夜或是无垠的沙漠,垓下哀歌的项羽或是床头捉刀的曹操,你可以说这是"骏马秋风冀北"的美;比如说清风,皓月,暗香,疏影,青螺似的山光,媚眼似的湖水,葬花的林黛玉或是"侧帽饮水"的纳兰,你可以说这是"杏花春雨江南"的美。因为这两句诗每句都象征一种美的共相。

这两种美的共相是什么呢?定义正名向来是难事,但是形容词是容易找的。我说"骏马秋风冀北"时,你会想到"雄浑","劲健",我说"杏花春雨江南"时,你会想到"秀丽","纤浓";前者是"气概",后者是"神韵";前者是刚性美;后者是柔性美。

刚性美是动的,柔性美是静的。动如醉,静如梦。尼采在《悲剧之起源》里说艺术有两种,一种是醉的产品,音乐和跳舞是最显著的例;一种是梦的产品,一切造形的艺术如诗如雕刻都属这一类。他拿光神阿波罗和酒神狄俄倪索斯来象征这两种艺术。你看阿波罗的光辉那样热烈么?其实他的面孔比渴睡汉还更恬静,世界一切色相得他的光才呈现,所以都是他在那儿梦出来的。诗人和雕刻家的任务也和阿波罗一样,全是在造色相,换句话说,全是在做梦。狄俄倪索斯就完全相反。他要图刹那间的尽量的欢乐。在青葱茂密的葡萄丛里,看蝶在翩翩的飞,蜂在嗡嗡的响,他不由自主的把自己投在生命的狂澜里,放着嗓子狂歌,提着足尖乱舞。他固然没有造出阿波罗所造的那些恬静幽美的幻梦,那些光怪陆离的色相,可是他的歌和天地间生气相出息,他的舞和大自然的脉膊[搏]共起落,也是发泄,也是表现,总而言之,也是人生不可少的一种艺术。在尼采看,这两种相反的美熔于一炉,才产出希腊的悲剧。

尼采所谓狄俄倪索斯的艺术是刚性的,阿波罗的艺术是柔性的,其实在同一种艺术之中也有刚柔之别。比如说音乐,贝多芬的第三合奏曲和《热情曲》固然像狂风暴雨,极沉雄悲壮之致,而《月光曲》和第六合奏曲则温柔委婉,如悲如诉,与其谓为"醉",不如谓为"梦"了。

艺术是自然和人生的返照,创作家往往因性格的偏向,而作品也因而畸刚或畸柔。米开朗琪罗在性格上和艺术上都是刚性美的极端的代表。你看他的《摩西》!火焰有比他的目光更烈的么?钢铁有比他的须髯更硬的么?你看他的"大卫"!他那副脑里怕藏着比亚力山大的更惊心动魄的雄图吧?他那只庞大的右臂迟一会儿怕要拔起喜马拉雅山去撞碎哪一个星球吧?亚当是上帝首创的人,可是要结识世界第一个理想的伟男子,你须得到罗马西斯丁教寺的顶壁上去物色,这一幅大气磅礴的创世纪记,没有一个面孔不露着超人的意志,没有一条筋肉不鼓出海格立斯的气力。对这些原始时代的巨人,我们这些退化的侏儒只得自惭形秽,吐舌惊赞。可是凡是娘养的儿子也都不免感到一件缺憾——你看除"德尔斐仙"(Delphic Shbyl)以外,简直没有一个人像女子!你说那位是夏娃么?那位是马妥娜么?假如世界女子们都像那样犷悍,除着独身终身的米开朗琪罗以外的男子们还得把头馨低些呵!

雷阿那多·达·芬奇恰好替米开朗琪罗做一个反称。假如"亚当"是男性美的象征,女性美的象征从"密罗斯爱神"以后,就不得不推《蒙娜·丽莎》了。那庄重中寓着妩媚的眼,那轻盈而神秘的笑,那丰润而灵活的手,艺术家们已摸索了不知几许年代,到达·芬奇才算寻出,这是多么大的一个成功!米开朗琪罗画"夏娃"和"圣母",像他画"亚当"一样,都是用他雕"大卫"和"摩西"的那一副手腕,始终脱不去那种峥嵘巍峨的气象。达·芬奇的天才是比较的多方面的,他的世界中固然也有些魁梧奇伟的男子,可是他的特长确为佩特所说的,全在"能勾魂"（fascinating），而他所以"能勾魂"，则全在能摄取女性中最令人留恋的特质表现在幕布上。藏在日内瓦的那幅《圣约翰授洗者》活像女子化身固不用说，连藏在卢佛尔宫的那幅《酒神》也只是一位带醉的《蒙娜·丽莎》。再看《最后的晚餐》中的耶稣！他披着发，低着眉，在慈祥的面孔中现出悲哀和恻隐，而同时又毫没有失望的神采，除着抚慰病儿的慈母以外，你在哪里能寻出他的"模特儿"呢？

中国古代哲人观察宇宙似乎都全从美术家的观点出发，所以他们在万殊中所见得的共相为"阴"与"阳"。《易经》和后来讳学家把万事万物都归原到两仪四象，其所用标准，就是我们把老鹰配古松，娇莺配嫩柳所用的标准，这种观念在一般人脑里印得很深，所以历来艺术家对于刚柔两种美分得很严。在诗方面有李、杜与王、韦之别，在词方面有苏、辛与温、李之别，在画方面有石涛、八大与六如、十洲之别，在书法方面有颜、柳与褚、赵之别。这种分别常与地域有关系，大约北人偏刚，南人偏柔，所以艺术上的南北派已成为柔性派与刚性派的别名。清朝阳湖派和桐城派对于文章的争执也就在对于刚柔的嗜好不同。姚姬传《复鲁絜非书》是讨论刚柔两种美的文字中最好的一篇，他说：

自诸子而降，其为文无有弗偏者。其得于阳与刚之美者，则其文如霆如电，如长风之出谷，如崇山峻崖，如决大河，如奔骐骥；其光也如杲日，如火，如金镠铁，其于人也如凭高视远，如君而朝万众，如鼓万勇士而战之。其得于阴与柔之美者，则其文如升初日，如清风，如云，如霞，如烟，如幽林曲涧，如沦，如漾，如珠玉之辉，如鸿鹄之鸣而入寥阔；其于人也漻乎其如叹，邈乎其如有思，暖乎其如喜，愀乎其如悲。观其文，讽其音，则为文者之性情形状举以殊焉。

统观全局，中国的艺术是偏于柔性美的。中国诗人的理想境界大半是清风皓月疏林幽谷之类。环境越静越好,生活也越闲越好。他们很少肯跳出那"方宅十余亩,草屋八九间"的宇宙,而凭视八荒,遥听诸星奏乐者。他们以"乐天安命"为极大智慧,随贝雅特里奇上窥华严世界,已嫌多事,至于为着毕尝人生欢娱,穷探地狱秘奥,不惜同恶魔定卖魂约,更忒不安分守己了。因此,他们的诗也大半是微风般的荡漾,轻燕般的呢喃。过激烈的颜色,过激烈的声音,和过激烈的情感都是使它们畏避的。他们描写月的时候百倍于描写日;纵使描写日,也只能烘染朝曦九照,遇着盛夏正午烈火似的太阳,可就要逃到北窗下高卧,做他的羲皇上人了。司空图《二十四诗品》中只有"雄浑","劲健","豪放","悲慨"四品算是刚性美,其余二十品都偏于阴柔,我读《旧约·约伯记》,莎士比亚的《哈雷姆特》,弥尔顿的《失乐园》诸作,才懂得西方批评学者所谓"宇宙的情感"(cosmic emotion),回头在中国文学中寻实例,除着《逍遥游》,《齐物论》,《论语·子在川上》章,陈子昂《幽州台怀古》,李白《日出东方隈》诸作以外,简直想不出其他具有"宇宙的情感"的文字。西方批评学者向以 sublime 为最上品的刚性美,而这个字不特很难应用来说中国诗,连一个恰当的译词也不易得。"雄浑","劲健","庄严"诸词都只能得其片面的意义。中国艺术缺乏刚性美在音乐方面尤易见出,比如弹七弦琴,尽管你意在高山,意在流水,它都是一样单调。

抽象立论时,常容易把分别说得过于清楚。刚柔虽是两种相反的美,有时也可以混合调和,在实际上,老鹰有栖柳枝的时候,娇莺有栖古松的时候,也犹如男子中之有杨六郎,女子中之有麦克白夫人,西子湖滨之有两高峰,西伯利亚荒原之有明媚的贝加尔。说李太白专以雄奇擅长么?他的《闺怨》,《长相思》,《清平调》诸作之艳丽微婉,亦何减于《金筌》《浣花》?说陶渊明专从朴茂清幽入胜么?"纵浪大化中,不喜亦不惧",又是何等气概?西方古典主义的理想向重和谐匀称,庄严中寓纤丽,才称上乘,到浪漫派才肯畸刚畸柔,中国向来论文的人也赞扬"柔亦不茹,刚亦不吐",所以姚姬传说,"唯圣人之言统二气之会而弗偏。"比如书法,汉魏六朝人的最上作品如《夏承碑》、《瘗鹤铭》、《石门铭》诸碑,都能于气势中寓姿韵,亦雄浑,亦秀逸,后来偏刚者为柳公权之脱皮露骨,偏柔者如赵孟之弄态作媚,已渐流入下乘了。

十八年,六月,写于巴黎近郊玫瑰村
(载《一般》第 8 卷第 4 期,1928 年 8 月)

说"曲终人不见,江上数峰青"
——答夏丏尊先生

记不清在哪一部书里见过一句关于英国诗人 Keats 的话,大意是说谛视一个佳句像谛视一个爱人似的。这句话很有意思,不过一个佳句往往比一个爱人更可以使人留恋。一个爱人的好处总难免有一日使你感到"山穷水尽",一个佳句的意蕴却永远新鲜,永远带有几分不可捉摸的神秘性。谁不懂得"采菊东篱下,悠然见南山"?但是谁能说,"我看透这两句诗的佳妙了,它在这一点,在那一点,此外便别无所有?"

中国诗中的佳句有好些对于我是若即若离的。风晨雨夕,热闹场,苦恼场,它们常是我的佳侣。我常常嘴里在和人说应酬话,心里还在玩味陶渊明或是李长吉的诗句。它们是那么亲切,但同时又那么辽远!钱起的"曲终人不见,江上数峰青"两句对我也是如此。它在我心里往返起伏也足有廿多年了,许多迷梦都醒了过来,只有它还是那么清新可爱。

这两句诗的佳妙究竟何在呢?我在拙著《谈美》里曾这样说过:

情感是综合的要素，许多本来不相关的意象如果在情感上能调协，便可形成完整的有机体。比如李太白的《长相思》收尾两句"相思黄叶落，白露点青苔"，钱起的《湘灵鼓瑟》收尾两句"曲终人不见，江上数峰青"，温飞卿的《菩萨蛮》前阕"水晶帘里颇黎枕，暖香惹梦鸳鸯锦，江上柳如烟，雁飞残月天"，秦少游的《踏莎行》前阕"雾失楼台，月迷津渡，桃源望断无寻处，可堪孤馆闭春寒，杜鹃声里斜阳暮"，这里加点的字句所传出的意象都是物景，而这些诗词全体原来都是着重人事。我们仔细玩味这些诗词时，并不觉得人事之中猛然插入物景为不伦不类，反而觉得它们天生成地联络在一起，互相烘托，益见其美，这就由于它们在情感上是谐和的。单拿"曲终人不见，江上数峰青"来说，曲终人杳虽然与江上峰青不相干，但是这两个意象都可以传出一种凄清冷静的情感，所以它们可以调和，如果只说"曲终人不见"而无"江上数峰青"，或是说"江上数峰青"而无"曲终人不见"，意味便索然了。

这是三年前的话，前几天接得丏尊先生的信说："近来颇有志于文章鉴赏法。昨与友人谈起'曲终人不见，江上数峰青'，这两句大家都觉得好。究竟好在何处？有什么理由可说：苦思一夜，未获解答。"

这封信引起我重新思索，觉得在《谈美》里所说的话尚有不圆满处。我始终相信"欣赏一首诗，就是再造一首诗"，各人各时各地的经验，学问和心性不同，对于某一首诗所见到的也自然不能一致。这就是说，欣赏大半是主观的，创造的。我现在姑且把我在此时此地所见到的写下来就正于丏尊先生以及一般爱诗者。

我爱这两句诗，多少是因为它对于我启示了一种哲学的意蕴。"曲终人不见"所表现的是消逝，"江上数峰青"所表现的是永恒。可爱的乐声和奏乐者虽然消逝了,而青山却巍然如旧,永远可以让我们把心情寄托在它上面。人到底是怕凄凉的,要求伴侣的。曲终了,人去了,我们一霎时以前所游目骋怀的世界,猛然间好像从脚底倒塌去了。这是人生最难堪的一件事,但是一转眼间我们看到江上青峰,好像又找到另一个可亲的伴侣,另一个可托足的世界,而且它永远是在那里的。"山穷水尽疑无路,柳暗花明又一村",此种风味似之。不仅如此,人和曲果真消逝了么;这一曲缠绵悱恻的音乐没有惊动山灵?它没有传出江上青峰的妩媚和严肃?它没有深深地印在这妩媚和严肃里面?反正青山和湘灵的瑟声已发生这么一回的因缘,青山永在,瑟声和鼓瑟的人也就永在了。

　　写到这里,猛然想起英国诗人华兹华斯的《独刈女》。凑巧得很,这首诗的第二节末二行也把音乐和山水凑在一起,

> Breaking the silence of the seas
> Among the farthest Hebrides.
> 传到那顶远顶远的希伯里第司
> 打破那群岛中的海面的沉寂。

华兹华斯在游苏格兰西北高原,听到一个孤独的割麦的女郎在唱歌,就做了这首诗。希伯里第司群岛在苏格兰西北海中,离那位女郎唱歌的地方还有很远的路。华兹华斯要传出那歌声的清脆和曼长,于是描写它在很远很远的海面所引起的回声。这两行诗作一气读,而且里面的字大半是开口的长音,读时一定很慢很清脆,恰好借字音来传出那歌声的曼长清脆的意味。我们读这句诗时,印象和读"曲终人不见,江上数峰青"两句诗很相似,都仿佛见到消逝者到底还是永恒。

玩味一首诗,最要紧的是抓住它的情趣。有些诗的情趣是一见就能了然的,有些诗的情趣却迷茫隐约,不易捉摸。本来是愁苦,我们可以误认为快乐,本来是快乐,我们也可以误认为愁苦;本来是诙谐,我们可以误认为沉痛,本来是沉痛,我们也可以误认为诙谐。我从前读"曲终人不见,江上数峰青",以为它所表现的是一种凄凉寂寞的情感,所以把它拿来和"相思黄叶落,白露点青苔","可堪孤馆闭春寒,杜鹃声里斜阳暮"诸例相比。现在我觉得这是大错。如果把这两句诗看成表现凄凉寂寞的情感,那就根本没有见到它的佳妙了。艺术的最高境界都不在热烈。就诗人之所以为人而论,他所感到的欢喜和愁苦也许比常人所感到的更加热烈。就诗人之所以为诗人而论,热烈的欢喜或热烈的愁苦经过诗表现出来以后,都好比黄酒经过长久年代的储藏,失去它的辣性,只剩一味醇朴。我在别的文章里曾经说过这一段话:"懂得这个道理,我们可以明白古希腊人何以把和平静穆看作诗的极境,把诗神阿波罗摆在蔚蓝的山巅,俯瞰众生扰攘,而眉宇间却常如作甜蜜梦,不露一丝被扰动的神色?"这里所谓"静穆"(serenity)自然只是一种最高理想,不是在一般诗里所能找得到的,古希腊——尤其是古希腊的造形艺术——常使我们觉到这种"静穆"的风味。"静穆"是一种豁然大悟,得到归依的心情。它好比低眉默想的观音大士,超一切忧喜,同时你也可说它泯化一切忧喜。这种境界在中国诗里不多见。屈原、阮籍、李白、杜甫都不免有些像金刚怒目,愤愤不平的样子。陶潜浑身是"静穆",所以他伟大。

如果在"曲终人不见,江上数峰青"两句诗中见出"消逝之中有永恒"的道理,它所表现的情感就决不只是凄凉寂寞,就只有"静穆"两字可形容了。凄凉寂寞的意味固然也还在那里,但是尤其要紧的是那一片得到归依似的愉悦。这两种貌似相反的情趣都沉没在"静穆"的风味里。

江上这几排青山和它们所托根的大地不是一切生灵的慈母么？在人的原始意识中大地和慈母是一样亲切的。"来自灰尘,归于灰尘"也还是一种不朽。到了最后,人散了,曲终了,我们还可以寄怀于江上那几排青山,在它们所显示的永恒生命之流里安息。

十月十四日北平

(载《中学生》第 60 期,1935 年 12 月)

王静安的《浣溪沙》

王静安先生在《人间词乙稿序》里数他自己的生平得意之作仅三四首,其第一首即《浣溪沙》,原词如下:

天末同云黯四垂,失行孤雁逆风飞,江湖廖落尔何归? 陌上挟丸公子笑,座中调醯丽人嬉,今宵欢宴胜平时。

他自己的评语是:

意境两忘,物我一体,高蹈乎八荒之表,而抗心乎千秋之间。

我从前初读这首词时,觉得作者自许不免过高,如论意境,也只有"失行孤雁"二句沉痛凄厉。去夏过武昌,和友人谭蜀青君谈到这首词,他也只赞赏前段,并且说后段才情不济,有些硬凑。后来我再稍加玩索,才觉悟谭君和我从前所见的都是大错。这首词本不甚难,但是略一粗心,差之毫厘，便谬以千里，从此可见读诗之难。

这首词容易被人误解，因为前后两段所描写的是两面相反的图画，两种相反的情感。它仿佛是两幕戏，前幕布景是风云惨黯，江湖寥落，角色是孤雁，剧情是"失行"和"逆风飞"，全幕空气极阴沉，调情也极凄惨。后幕布景由黯云荒野一变而为高堂华烛，角色是公子丽人，剧情是烹雁欢宴，全幕空气极浓丽，情调也极快活。这两幕戏中以前幕为较易了解，因为它完全是正写，它只有一种功用，就是把孤雁的凄凉身世写出来。后幕则完全是侧写，好比项庄舞剑，意在沛公，表面上虽是渲染公子丽人的欢乐，骨子里则仍反映孤雁的悲剧。这一点反映容易被粗心人忽略。但是它是全词的精采所在，因为它，前段显得更凄惨，后段显得很深微曲折。此种写法类似莎士比亚在悲剧中穿插喜剧而实有不同。"悲喜杂剧"中的喜剧功用在暂时和缓高度的紧张，这首词则以欢宴收场，并非一种穿插，它的功用全在以乐境反衬悲境，好比画事以浓阴反衬强光一样。单论后段本身，它完全是一种乐境，但是因为摆在前段旁边，两两相形，它反而比较前段更深刻沉痛。如果没有感到"今宵欢宴胜平时"句的深刻沉痛，就完全失去这首词的妙处了。

友人废名君有一次来闲谈，提起六朝文学，他告诉我说："你别看六朝人的词藻那样富丽，他们的内心实有一种深刻的苦痛。"这句话使我非常心折。六朝人的词藻富丽，谁也知道，他们的内心苦痛，稍用心体察的人们也可以见出。废名君的灵心妙悟在把他们的词藻富丽和内心苦痛联在一起说，仿佛见出这两件事有因果关系。我当时没有问废名君，依他看，这种关系究竟如何。依我揣想，尼采对于古希腊人所说的"由形相得解脱"也许可以应用到六朝人。词藻富丽是他们拿来掩饰或回避内心苦痛的，他们愈掩饰，他们的苦痛更显得深沉。看六朝人的作品，首先要明白这一点，如果只看到词藻富丽，那就只看到空头架子了。写到这里，我想起况周颐在《蕙风词话》里批评纳兰容若的话：

寒酸语不可作。即愁苦之音,亦以华贵出之,饮水词之所以为重光后身也。

"愁苦之音,亦以华贵出之"是六朝人的妙处,是李后主和纳兰容若的妙处,也是这首词后段的妙处。前段不如后段,因为它仍不免直率,仍不免是"寒酸语"。

(载《武汉日报·现代文艺》第 51 期,1936 年 2 月 14 日)

读李义山的《锦瑟》

诗的佳妙往往在意象所引起的联想,例如李义山的《锦瑟》:

> 锦瑟无端五十弦,一弦一柱思华年。
> 庄生晓梦迷蝴蝶,望帝春心托杜鹃。
> 沧海月明珠有泪,蓝田日暖玉生烟。
> 此情可待成追忆,只是当时已惘然!

全诗精采在五六两句,但这两句与上下文的联络似不甚明显,尤其是第六句像是表现一种和暖愉快的景象,与悼亡的主旨似不合。向来注者不明白晚唐诗人以意象触动视听的技巧,往往强为之说,闹得一榻[塌]糊涂。他们说:"玉生烟已葬也,犹言埋香瘗玉也,""沧海蓝田言埋韫而不得自见,""五六赋华年也,""珠泪玉烟以自喻其文采。"(见朱鹤龄《李义山诗笺注》,萃文堂三色批本。)这些说法与上下文都讲不通。其实这首诗五六两句的功用和三四两句相同,都是表现对于死亡消逝之后,渺茫恍忽,不堪追索的情境所起的悲哀。情感的本来面目只可亲领身受而不可直接地描写,如须传达给别人知道,须用具体的间接的意象来比拟。例如秦少游要传出他心里一点凄清迟暮的感觉,不直说而用"杜鹃声里斜阳暮"的景致来描绘。李义山的《锦瑟》也是如此。庄生蝴蝶,固属迷梦;望帝杜鹃,亦仅传言。珠未尝有泪,玉更不能生烟。但沧海月明,珠光或似泪影;蓝田日暖,玉霞或似轻烟。此种情景可以想象揣摩,断不可拘泥地求诸事实。它们都如死者消逝之后,一切都很渺茫恍忽,不堪追索;如勉强追索,亦只"不见长安见尘雾",仍是迷离隐约,令人生哀而已。四句诗的佳妙不仅在唤起渺茫恍忽不堪追索的意象,尤在同时能以这些意象暗示悲哀,"望帝春心"和"月明珠泪"两句尤其显然。五六句胜似三四两句,因为三四两句实言情感,犹着迹象,五六两句把想象活动区域推得更远,更渺茫,更精微。一首诗的意象好比图画的颜色阴影浓淡配合在一起,烘托一种有情致的风景出来。李义山和许多晚唐诗人的作品在技巧上很类似西方的象征主义,都是选择几个很精妙的意象出来,以唤起读者多方面的联想。这种联想有时切题,也有时不切题。就切题的方面说,"沧海月明"二句表现消逝渺茫的悲哀,如上所述。但是我们平时读这二句诗,常忽略过这切题的一方面,珠泪玉烟两种意象本身已很美妙,我们的注意力大半专注在这美妙意象的本身。从这个实例看,诗的意象有两重功用,一是象征一种情感,一是以本身的美妙去愉悦耳目。这第二种功用虽是不切题的,却自有存在的价值。《诗经》中的"兴"大半都是用这种有两重功用的意象。例如"何彼秾矣,唐棣之华。曷不肃雍,王姬之车";"燕燕于飞,差池其羽,之子于归,远送于野";"蒹葭苍苍,白露为霜,所谓伊人,在水一方"诸诗起首二句都有一方面是切题的,一方面是不切题的。

(载《现代青年》第 2 卷第 4 期,1936 年 2 月)

我在《春天》里所见到的

——鲍蒂切利杰作《春天》之欣赏

这幅画通常叫做《春天》,伯冉生(Berenson)在《佛罗伦萨画家论》里引作《爱神的国度》,似乎比较恰当些,画的趣味中心很显然地在爱神,从构图看,她不但站在中心,而且站的水平线也比旁人都高一层,旁人背后都是橘树,只有她背后是一座杂树丛生的土丘,土丘四围有一半圆形的空隙,好像是一道光圈围着她的头。因此,她的头部在全部光线的焦点;同时,因为土丘阴影的反衬,她的面部越显得光亮。在她头上飞着的库比德也容易把视线引到她的方向去。其次,就情感方面说,她是图中最严肃的一位。只有她一个人衣冠最整齐,最规矩;只有她一个人有孑然独立,与众不即不离的神情。她低着头,伸起右手,眼睛向着她自己的心里看,仿佛猛然听到一种玄奥的启示,举手表示惊奇,同时,告戒人肃静无哗,细心体会一下启示的意蕴。

就全图说,它表现一个游舞队,运动的方向她是由右而左。开路先锋是水星神,左手支腰,右手高举,指着空中一个让我们猜测的什么东西,视线很沉着地望着所指的方向。这一点不可捉摸的意蕴令我们想象到此外还有一个更高远的世界。意大利画家向来是斩钉断铁地明显,像这幅画的神秘色彩是不多见的。水星神之后接着就是"三美神"。就意象说,就画法说,她们都是很古典的。像她们的衣裳,她们整个地是透明的,轻盈的,幽闲的。手牵着手,光,看她们的面容,爱固然在那里,镇定幽闲固然在那里,但是闲愁幽怨似乎也在那里。女性美和爱的心情原来是富于矛盾性的,谁能够彻底地窥透此中消息呢?

从爱神前面移到爱神后面,我们仿佛从古典世界搬家到浪漫世界。在前面我们觉到仙境的超脱,在后面我们又回到人间的执着了。穿花衣的和几乎裸体的女子究竟谁象征春神,谁象征花神,学者的意见不一致。最后的男孩象征西风则几成定论。把穿花衣的看作春神似乎比较合理。花神被冷酷的西风两手揪住,一方面回头向残暴者瞪着惊慌的眼求饶,一方面用双手揪住春神求卫护。这是一场剧烈的挣扎。线条的运动,颜面的表情,服装的颜色都表现出一种狂放不可节制的生气在那里动荡。不说别的,连这右角的树干也是挛屈的,不像左边的树那样鸦风鹊静地挺立着。这里我们觉到很浓厚的浪漫风味,和右边的静穆的古典风味成一个很鲜明的反称。

这幅画向来被看作"寓言"。它的寓意究竟是什么呢?老实说,我想来想去,不能把全图的九个似相关似不相关的人物联串成一个整体。我有两个疑点:第一,我不明瞭爱神前面的水星神和三美神在图中有何意义;第二,我怀疑春神和花神近于重复。我看到这幅画就联想到画在Campo Santo壁上的另一幅意大利画。那幅画是"死的胜利",这幅画不可以叫做"生的胜利"么?天神的信使——水星神——领导生命的最珍贵的美,春,爱向无终的大路上迈步前进,虽然生命的仇敌——西风——在后面追捕,他们仍旧是勇往直前。这是不是这幅画的寓意呢?

把寓意丢开,专从画本身说,一切都是很容易了解的。爱神是中心,左右人物各形成一组。如果春神组是主体,三美神组在构图上是必有的陪衬,春神和花神在意义上或近于重复,在构图上却似缺一不可,一则浓装与半裸成反衬,一则右边多一形体,和左边相对称,不至嫌轻重悬殊。依我想,鲍蒂切利不是一个文人画家,构图的匀称和谐,在他的心中也许比各部意义的贯串还更为重要。我们看这幅画似乎也应着重它在第一眼所显现出来的运动的节奏和构造的和谐。意义固然也很重要,但是要放在第二层。我所见到的偏重意义和情调方面,因为我既然要忠实地写自己的感想,就不应该勉强把我素来以看诗法去看画的心习丢开。我对于这幅画所特别爱好的是那一幅内热而外冷,内狂放而外收敛的风味。在生气蓬勃的春天,在欢欣鼓舞的随着生命的狂澜动荡中,仍能保持几分沉思默玩的冷静,在人生,在艺术,这都是一个极大的成就。

(载天津《大公报·艺术周刊》第 77 期,1936 年 4 月 4 日)

眼泪文学

记得有一位作者,在他一篇小说后面记他自己读那篇文章所受的感动程度说:"因为这一段事过于凄惨,自己写完了再读一过,却又落了一会泪。"近来又看到一位批评家谈一部新出的剧本,他说他喜欢这剧本,它使他"流过四次眼泪"。同样的自白随时随地可以看到或听到,我每看到或听到这种话时,心里不免有些怅惘。我也天天在读文学作品,为什么我一向就没有流过眼泪呢?罪过显然不在作品,因为叫他们流泪的书我也还是在读。这大概只能归咎我的天性薄,心肠硬了。

应该归咎于我自己,我承认;不过文学与眼泪是否真有必然的关联?文学的最高恩惠是否就是眼泪?叫人流泪的多寡是否是衡量文学价值的靠得住的标准?对于这些问题,我却很怀疑。

我虽不会流泪,但是我想它也并不是难事。你到戏院或电影院里去看看。每逢到一个末路英雄,一对情侣的生离死别,或是一个堕落者的最后忏悔,你回头望一望同座的观众,——尤其是太太小姐们——你总可以发现一些人在拿手帕揩眼睛。这是你看得见的,还有许多末路英雄,失意情侣和忏悔的堕落者睡在被窝里或是躺在沙发上在埋头咀嚼感伤派的小说,"掬同情之泪",你也不难想象到。

在这个世界里,末路英雄,失意情侣和忏悔的堕落者实在是太多了,所以感伤派文学——或者用法国人所取的一个更恰当的名称,"眼泪文学"(literature larmane)——总是到处受欢迎。据希腊哲学家柏拉图说,人生来就有一种哀怜癖,爱流泪,爱读叫人流泪的文学。这是一种饥渴,一种馋瘾,读"眼泪文学"觉得爽快,正犹如吃了酒,发泄了性欲,打了吗啡针,一种很原始的要求得到了满足。因为需要普遍,所以就有一派作者应运而起,努力供给以文学为商标的兴奋剂。

"眼泪文学"既有人类根性做基础,所以传播起来非常容易。大家愈称赞流泪,于是流泪成为时髦。我们都知道,文学史上有所谓"浪漫时期","浪漫时期"又有所谓"世纪病","世纪病"其实可以说就是"流泪病"。在那个时期,不爱流泪,不会叫人流泪,就简直失去"诗人"的资格。他们的英雄是维特(Werther),是哈罗尔德(Herold),是勒内(René),个个都是眼泪汪汪地望着破烂的堡垒和荒凉的墓园,嗟叹人生的空虚,歌咏伤感的伟大。会流泪,就会显得你不同凡俗,显得你深刻高贵。大家都爱自居深刻高贵,于是流泪本来虽是"贵族的",也变成"平民的"了。因此,"眼泪文学"于人类根性之外,又加上风气与虚荣心两重保障。

文学能叫人流泪,它的感动力多么伟大啊!但是我们试平心静气地想一想:世间受文学感动而至于流泪的人们,在感动以后,究竟发下什么样的大善心,叫世界上少发生一些可痛哭流涕的事件呢?谈到这个问题,我又想起柏拉图。他驱逐诗人于理想国之外,重要的原因就是诗人太爱叫人流泪。只有弱者在悲苦的境遇才感伤流泪,诗人迎合人类好感伤流泪一点劣根性,尽量拿易起感伤的材料去刺激听众,叫他们得到满足"哀怜癖"的快感,久之习惯成自然,他们便逐渐失去"丈夫气",性格变成女性化，到自己遇到悲苦境界时，也只以一叹一哭了之。柏拉图的清教徒式的严酷固然有些过火，但从一般读文学而爱流泪的人们所给的实证看，他的话似乎也并不完全错误。记得看过一篇俄国小说，——记不清作者，许是屠格涅夫——写一位莫斯科的贵妇坐在马车里读一部写贫苦社会的小说，读得泪流满面，同时他的马车夫就在她面前冻死了，她却毫不在意。受文学作品感动而流泪的人们心地并不一定就特别慈祥，法国哲学家卢梭老早就已经说过。像罗马塞那（Sylla）之类的暴君素以残酷著名，到戏院里去看悲剧时也还是流泪。

能叫人流泪的文学不一定就是第一等的文学。关于这一点，我曾经作过一些实地观察。我到戏院里看戏，总喜欢回头看看观众在兴酣局紧时，面孔上表现什么样的反应。我看过几十次的莎士比亚的作品，在剧情极悲惨时，我回头看看，只见全场人都在屏息静听，面上都呈现一种虽紧张而却镇定喜悦的样子。我也看过不少的富于感伤性的近代戏，像《茶花女》，《少奶奶的扇子》之类的戏我都看过好几遍，每次总听得前后左右的观众哭的哭，啼的啼。我不常看电影，但是也常听到看过电影的朋友回来报告说，"今天片子真好，许多人都淌了眼泪。"我不敢很武断地说某一种文学一定比某一种价值高，但是我觉得把《茶花女》《少奶奶的扇子》之类的作品摆在《李尔王》或《麦克白》之上，至少是可以引起疑问。就是拿同一个作者的作品来说，《少年维特之烦恼》叫人流泪的可能是无疑地比《浮士德》强，但是它们的价值高低决不能和叫人流泪的可能成正比例。英国诗人华兹华斯在一首诗里说过："最微小的花对于我可以引起不能用泪表达得出的那么深的思致。"用泪表达得出的思致和情感原来不是最深的，文学里面原来还有超过叫人流泪的境界。

最后，读文学作品何以就至于流泪，也很值得研究。你是为文学作品而流泪呢，还是为它所写的悲惨情境而流泪呢？换句话说，你的泪是艺术欣赏者的欢欣的泪呢,还是实际人对于实际悲痛的"同情之泪"呢? 一般人读文学作品而流泪大半是后一种。他们生性爱感伤,文学让他们过一会瘾,他们所得的快感正犹如抽烟打吗啡针所给的快感一样,根本算不得美感。作者要产生这种快感也并非难事。在作品里多放些引起悲痛的刺激剂,就行了。

眼泪是容易淌的,创造作品和欣赏作品却是难事,我想,作者们少流一些眼泪,或许可以多写一些真正伟大的作品;读者们少流一些眼泪,也或许可以多欣赏一些真正伟大的作品。

(载《大众知识》第 1 卷第 7 期,1937 年 1 月)

《望舒诗稿》[①]

　　一个"伴着孤岑的少年人""用他二十四岁的整个的心",在"晚云散锦残日流金"的时候,"彳亍在微茫的山径",看他自己的"瘦长的影子飘在地上","像山间古树的寂寞的幽灵"。那时寒风中正有雀声,他向那"同情的雀儿"央求:"唱啊,唱破我芬芳的梦境"!他抬头望见白云,心里像有什么像白云一样地沉郁,"而且要对它说话也是徒然的,正如人徒然向白云说话一样"。到"幽夜偷偷地从天末来"时,他对"已死美人"似的残月唱"流浪人的夜歌",祝他自己"与残月同沉"。他是一个"最古怪的"夜行者,"戴着黑色的毡帽,迈着夜一样静的步子"。他"走遍了嚣嚷的酒场,不想回去,好像在寻找什么"。他低声向"飘来一丝媚眼"说,"不是你","然后跟跄地又走向他处"。回到家时,他抱着陶制的烟斗,静听他的记忆"老讲着同样的故事",或是看他的梦"开出娇妍的花","金色的贝吐出桃色的珠";或是在作"憧憬之雾的青色的灯"下"展开秘

　　[①] 《望舒诗稿》上海杂志公司 1937 年 1 月初版。——编者

藏的风俗画"。这种幸福的夜不是没有它的灾星。他会整夜地作"飞机上的阅兵式",看"每个爱娇的影子""列成桃色的队伍",寻不着"什么地方去喘一口气"。

像一般少年,他最留恋的是春与爱。"春天已在斑鸠的羽上逡巡着了",他"撑着油纸伞,独自彷徨在悠长又寂寥的雨巷","希望逢着一个丁香一样地结着愁怨的姑娘"。他问路上的姑娘要"那朵簪在发上的小小的青色的花",或是和她唱和"残叶之歌",或是款步过那棵苍翠的松树,"它曾经遮过你的羞涩和我的胆怯",或是邀她坐江边的游椅说:"啮着沙岸的永远的波浪,总会从你投出着的素足撼动你抿紧的嘴唇的"。但是他也经过爱的一切矛盾,虽是"一个可怜的单恋者",当一个少女开始爱他的时候,他"先就要栗然地惶恐",他告诉愿"追随他到世界的尽头"的人说:"你在戏谑吧!你去追平原的天风吧"!

他是"一个怀乡病者",他常"渴望着回返到那个如此青的天"。"小病的人嘴里感到莴苣的脆嫩,于是遂有了家乡小园的神往"。但是他有时自慰:"因为海上有青色的蔷薇,游子要萦系他冷落的家园吗?还有比蔷薇更清丽的旅伴呢"。因为他有怀乡病,对同病者特别同情。百合子向他微笑着,"这忧郁的微笑使他也坠入怀乡病里"。

这"辽远的国土的怀念者"原来是"青春和衰老的集合体"。他感觉最深刻的是中年人的悲哀。他"只愿在春天里活几朝",而他"心头的春花已不更开"。他"知道秋所带来的东西的重量"。从前在他耳边低声软语着"在最适当的地方放你的嘴唇"的,他已经记不清是樱子还是谁了。他自觉得是在唱"过时"的歌曲:

老实说,我是一个年轻的老人了:
对于秋草秋风是太年轻了,
而对于春月春花却又太老。

这是《望舒诗稿》里所表现的戴望舒先生和他所领会的世界。这个世界是单纯的,甚至于可以说是平常的,狭小的,但是因为是作者的亲切的经验,却仍很清新爽目。作者是站在剃刀锋口上的,毫厘的倾侧便会使他倒在俗滥的一边去。有好些新诗人是这样地倒下来的,戴望舒先生却能在这微妙的难关上保持住极不易保持的平衡。他在少年人的平常情调与平常境界之中嘘咈出一股清新空气。他不夸张,不越过他的感官境界而探求玄理;他也不掩饰,不让骄矜压住他的"维特式"的感伤。他赤裸裸地表现出他自己——一个知道欢娱也知道忧郁的,向新路前进而肩上仍背有过去的时代担负的少年人。他表现出他的美点和他的弱点,他的活泼天真和他的彷徨憧憬。他的诗在华贵之中仍保持一种可爱的质朴自然的风味。像云雀的歌唱,他的声音是触兴即发,不假着意安排的。

戴望舒先生最擅长的是抒情诗,像一切抒情诗的作者,他的世界中心常是他自己。他的《诗稿》中除掉一两首可能例外,如《妾命薄》之类,似全是他自己的生活片段集锦。在感觉方面他偏重视觉,虽然他论诗主张"诗不是某一官感的享乐";在情感方面他集中于"桃色的队伍",虽然他有一位留"断指"做纪念的朋友;在想象方面他欢喜搬弄记忆和驰骋幻想,他在"古神祠前"看他的蛛脚似的思量:

从苍翠槐树叶上,
它轻轻地跃到
饱和了古愁的钟声的水上。

他在烟卷上笔杆上酒瓶上证实记忆的存在。一般诗人以至于普通人所眷恋的许多其他方面的人生世相似乎和戴望舒先生都漠不相关。读过《望舒诗稿》之后,我们不禁要问:戴望舒先生的诗的前途,或者推广说整个的新诗的前途,有无生展的可能呢?假如可能,它大概是打哪一个方向呢?新诗的视野似乎还太窄狭,诗人们的感觉似乎还太偏,甚至于还没有脱离旧时代诗人的感觉事物的方式。推广视野,向多方面作感觉的探险,或许是新诗生展的唯一路径。归根究竟,做诗还是从生活入手。

戴望舒先生所以超过现在一般诗人的我想第一就是他的缺陷——他的单纯,其次就是他的文字的优美。诗人的理论往往不符他的实行。读完《望舒诗稿》之后看到附录的《诗论零札》,我们不免要惊讶。他的开章明义就是,

一、诗不能借重音乐,它应该丢去了音乐的成分。

二、诗不能借重绘画的长处。

他的许多新形式的尝试(如《十四行》、《雨巷》、《记忆》、《烦忧》之类)和许多可爱的描写句不都是这两个原则的反证么?

戴望舒先生对于文字的驾驭是非常驯熟自然,但是过量的富裕流于轻滑以至于散文化,也在所不免。《我的记忆》除头二段以外大半近于 prosaic,《林下小语》中的

> 你到山上觅珊瑚吧,
> 你到海底觅花枝吧;

之类诗句虽然有它的可爱处,也很容易流于轻易。像《生涯》里的

> 人间天上不堪寻。
> 人间伴我惟孤苦。

和《残花的泪》里的

> 寂寞的古园中,

明月照幽素，
　　一枝凄艳的残花
　　对着蝴蝶泣诉。

之类似乎太带旧诗气味了。在《乐园鸟》中，亚当夏娃被逐的花园据说是在"天上"，似亦有斟酌的余地。不过这都是小疵。就全盘说，《望舒诗稿》的文字是很新鲜的,有特殊风格的。

（载《文学杂志》第 1 卷第 1 期,1937 年 5 月）

读《论骂人文章》

《论语》第 102 期有知堂先生的一篇《论骂人文章》，写得极痛快淋漓。他的大意可以从几个警句中看出：

骂人的文章可以分两大类，一是为官的，一是为私的。为私的一类……骂法有人称作爬梯子，或曰借头。其办法甚简单，只要挑选社会稍有声名的一二人，狗血喷头的痛骂一番，骂得对不对完全不成问题，只要使人家知道某人这样的被我所骂了就好。……官骂本是自古有之，如历来传旨申饬即是。……统制思想之举在老头儿与其儿子还是同样的爱好，于是官骂事业照旧经营下去。……未开幕以前当然有些筹备，这且不谈，只看突然变动，四面总攻，其攻击不择手段，却有一定公式，这就可以认定是那个来了。……谁被指定挨这官骂的有祸了！他就得准备守，战，或是降，胜总是休想。……守即不理，即兵法上的坚壁清野，……此最省事，只须持久。战即是回骂。当回骂之初大约觉得很痛快的，自己喜得还有这样力气舞动大刀,而且每一刀都劈中敌阵的要害,却不知已中了道儿,犹如遇见鬼打墙,拳打足踢,气力用尽而墙终如故。……这类集团的官骂,古有骂工之骂,今有帮行之骂,都是很厉害的,单身独客,千万注意,沾染不得。

这篇文章出世在去年冬天,当时在下读过,不禁拍案叫绝,以为论骂人文章,到此至矣尽矣。但是自己没有小心记住知堂先生的警告,这几月来像有"被指定挨官骂"的趋势。"单身独客"没有"注意"到"帮行之骂"的"厉害",殊属罪有应得。祸既临头,守呢?战呢?还是降呢?从理智说,我很能明白"坚壁清野"最省事。被骂还骂,对于骂者究竟还有相当敬意,至少是要默认他为敌手。倔强的沉默不仅是省事,而且也是一种最酷毒的报复。但是这一条路是在下所走不通的,因为人家对你"狗血喷头的痛骂"时而你仍兀然不动声色,冷着眼瞧着他现丑态,这需要在下所没有的幽默。至于战,这更不必谈。打笔墨官司,说得好听一点,不过是闲暇的比赛。骂人总可以找到罪状,还骂也总可以找到理由。胜负之分,只看谁有时间与气力能坚持到底,而在下既没有这种时间,又没有这种气力。无已,其出于降乎!

降既非战,又非守,既非还骂,又非不还骂;那究竟是怎样办呢?俗语有一句说,"向狗嘴巴里讨饶"。降者"讨饶"之谓也。既云"讨"则必有词。在下的讨饶词或"降表"是为此:

骂人者啊,无论你是为官的,为私的,我十分羡慕你,敬佩你,你有那么多的时间和精力。你的目的是很高尚的,英勇的,你需要战胜,征服,显得自己比人高明。你敢于上战场,好汉!你聪明,你不把你的战斗本能发泄在枪林弹雨中,那不免是要丢脑袋的玩艺儿,所以你只摇笔杆子喊"打倒""铲除";实在有势力的人你不骂,就是骂也是隐姓匿名,含沙射影,你择定的挨骂者是你的同行的冤家也只有笔杆子可以抵抗你的。他不抵抗,你自然是胜利;他抵抗,也不过是笔头回敬,你的大名也落得再显露一回,仍是荣耀。你的骂的方法也非常巧妙,狗是趁肥处咬,你却戴着放大镜找疮疤,找到了,死劲地刺它一针,所谓"断章取义","深文周纳","吹毛求疵",都是你的惯技。为着要罪状显得凶恶一点,你不怕造一点谣言,找一点似是而非的根据,甚至于被骂者本来是有根据凭证的话,你可以闭着眼睛骂他错误荒谬。比如说,人家说:"《最后的晚餐》是用油彩画的",话本是对的,你可以说"那是一种粉画的,那时根本就没有油画!"你不必有根据,只要你把话说得斩截一点,面上摆出一点自己有确凭确据的神气,那末,错处就显得在人家而不在你了。

  骂人者啊,我赞扬你许多话,你看我对你多么心悦诚服,你该饶了我吧?如果还不够,让我向你说一点迂腐的话。人人都觉得自己是对的,都看不见自己的错误,老天生人,生来就让他的眼睛只朝外看。你看旁人荒谬,旁人就难免看你荒谬,是非公道自在人心,有理说理,用不着骂,理是愈平心静气地讨论愈明白的,愈逗气氛乱骂愈糊涂的。再说要打倒旁人让你自己爬起来的话,你也得拿点真货色出来,骂只能浪费你的精力。你在骂时心里不免有几分醋意,要把你的心肝宣揭出来,那就不免令人"掩鼻"。自爱自尊之道甚多,骂不一定是"抬头"的捷径。

  骂人者啊,你无论如何,总得要开恩大赦,爱惜你的时间和精力啊!有如在下,胜之不武,何必呢?在下诚惶诚恐,谨奉表以闻。

(载 1937 年 7 月 15 日《北平晨报·风雨谈》)

丰子恺先生的人品与画品
——为嘉定丰子恺画展作

在当代画家中,我认识丰子恺先生最早,也最清楚。说起来已是二十年前的事了。那时候他和我都在上虞白马湖春晖中学教书。他在湖边盖了一座极简单而亦极整洁的平屋。同事夏丏尊朱佩弦刘薰宇诸人和我都和子恺是吃酒谈天的朋友,常在一块聚会。我们吃酒如吃茶,慢斟细酌,不慌不闹,各人到量尽为止,止则谈的谈,笑的笑,静听的静听。酒后见真情,诸人各有胜概,我最喜欢子恺那一副面红耳热,雍容恬静,一团和气的风度。后来我们都离开白马湖,在上海同办立达学园。大家挤住在一条僻窄而又不大干净的小巷里。学校初办,我们奔走筹备,都显得很忙碌,子恺仍是那副雍容恬静的样子,而事情却不比旁人做得少。虽然由山林搬到城市,生活比较紧张而窘迫,我们还保持着嚼豆腐干花生米吃酒的习惯。我们大半都爱好文艺,可是很少拿它来在嘴上谈。酒后有时子恺高兴起来了,就拈一张纸作几笔漫画,画后自己木刻,画和刻都在片时中完成,我们传看,心中各自欢喜,也不多加评语。

有时我们中间有人写成一篇文章,也是如此。这样地我们在友谊中领取乐趣,在文艺中领取乐趣。

当时的朋友中浙江人居多,那一批浙江朋友们都有一股清气,即日常生活也别有一般趣味,却不像普通文人风雅相高。子恺于"清"字之外又加上一个"和"字。他的儿女环坐一室,时有憨态,他艺文杂谈见着居然微笑;他自己画成一幅画,刻成一块木刻,拿着看看,欣然微笑;在人生世相中他偶然遇见一件有趣的事,他也还是欣然微笑。他老是那样浑然本色,无忧无嗔,无世故气,亦无矜持气。黄山谷尝称周茂叔"胸中洒落如光风霁月",我的朋友中只有子恺庶几有这种气象。

当时一般朋友中有一个不常现身而人人都感到他的影响的——弘一法师。他是子恺的先生。在许多地方,子恺得益于这位老师的都很大。他的音乐图画文学书法的趣味,他的品格风采,都颇近于弘一。在我初认识他时,他就已随弘一信持佛法。不过他始终没有出家,他不忍离开他的家庭。他通常吃素,不过作客时怕给人家麻烦,也随人吃肉边菜。他的言动举止都自然圆融,毫无拘束勉强。我认为他是一个真正能了解佛家精神的。他的性情向来深挚,待人无论尊卑大小,一律蔼然可亲,也偶露侠义风味。弘一法师近来圆寂,他不远千里,亲自到嘉定来,请马蠲叟先生替他老师作传。即此一端,可以见他对于师友情谊的深厚。

我对于子恺的人品说这么多的话,因为要了解他的画品,必先了解他的人品。一个人须先是一个艺术家,才能创造真正的艺术。子恺从顶至踵是一个艺术家,他的胸襟,他的言动笑貌,全都是艺术的。他的作品有一点与时下一般画家不同的,就在他有至性深情的流露。子恺本来习过西画,在中国他最早作木刻,这两点对于他的作风都有显著的影响。但是这些只是浮面的形相,他的基本精神还是中国的,或者说,东方的。我知道他尝玩味前人诗词,但是我不尝看见他临摹中国旧画。

他的底本大半是实际人生一片段，他看得准，察觉其中情趣，立时铺纸挥毫，一挥而就。他的题材变化极多，可是每一幅都有一点令人永久不忘的东西。我二十年前看过他的一些画稿——例如"指冷玉笙寒"，"月上柳梢头"，"花生米不满足"，"病车"之类，到于今脑里还有很清晰的印象，而我素来是一个健忘的人。他的画里有诗意，有谐趣，有悲天悯人的意味；它有时使你悠然物外，有时使你置身市廛，也有时使你啼笑皆非，肃然起敬。他的人物装饰都是现代的，没有模拟古画仅得其形似的呆板气；可是他的境界与粗劣的现实始终维持着适当的距离。他的画极家常，造境着笔都不求奇特古怪，却于平实中寓深永之致。他的画就像他的人。

　　书画在中国本有同源之说。子恺在书法上曾经下过很久的工夫。他近来告诉我，他在习章草，每遇在画方面长进停滞时，他便写字，写了一些时候之后，再丢开来作画，发见画就有长进。讲书法的人都知道笔力须经过一番艰苦的训练才能沉着稳重，墨才能入纸，字挂起来看时才显得生动而坚实，虽像是龙飞凤舞，却仍能站得稳。画也是如此。时下一般画家的毛病就在墨不入纸，画挂起来看时，好像是飘浮在纸上，没有生根；他们自以为超逸空灵，其实是画家所谓"败笔"，像患虚症的人的浮脉，是生命力微弱的征候。我们常感觉近代画的意味太薄，这也是一个原因。子恺的画却没有这种毛病。他用笔尽管疾如飘风，而笔笔稳重沉着，像箭头钉入坚石似的。在这方面，我想他得力于他的性格，他的木刻训练和他在书法上所下的工夫。

　　　　　　　　　　（载《中学生》杂志第 66 期，1943 年 8 月）

论自然画与人物画

——凌叔华作《小哥儿俩》序

我认识《小哥儿俩》的作者已经十余年了,已往虽然零星的读过她的几篇作品,可是直到今天才有福分把《小哥儿俩》从头到尾仔细看了一遍。想到梅特林和他的姐姐在一块儿住了三十多年,一直到他母亲临死的那一刻,才认识她向未呈现的一种面目那一个故事,我心里感到一种喜悦,如同一个人在他也久住的家乡突然发现某一角落的新鲜境界一样。

作者自言生平用工夫较多的艺术是画,她的画稿大半我都看过。在这里面我所认识的是一个继承元明诸大家的文人画师,在向往古典的规模法度之中,流露她所特有的清逸风怀和细致的敏感。她的取材大半是数千年来诗人心灵中荡漾涵泳的自然。一条轻浮天际的流水衬着几座微云半掩的青峰,一片疏林映着几座茅亭水阁,几块苔藓盖着的卵石中露出一丛深绿的芭蕉,或是一湾谧静清莹的湖水的旁边,几株水仙在晚风中回舞。这都自成一个世外的世界,令人悠然意远。看她的画和过去许多人的画一样,我们在静穆中领略生气的活跃,在本色的大自然中找回本来清净的自我。这种怡情山水的生活,在古代叫做"隐逸",在近代有人说是"逃避",它带着几分"出世相"的气息是毫无疑问的;但是另一方面看,这也是一种"解放"。人为什么一定要困在现实生活所画的牢狱中呢?我们企图作一点对于无限的寻求,在现实世界之上创造一些易与现实世界成明暗对比的意象的世界,不是更能印证人类精神价值的崇高么?

但是这里有一个问题:这种意象世界是否只在远离人境的自然中才找得出呢?我想起二十年前的电车里和我的英国教师所说的一番话。他带我去看国家画像馆里的陈列,回来在电车上问我的印象,我坦白地告诉他:"我们一向只看山水画,也只爱看山水画,人物画像倒没有看惯,不大能引起深心契合的乐趣。我不懂你们西方人为什么专爱画人物画。"他反问我:"人物画何以一定就不如山水画呢?"我当时想不出什么话回答。那一片刻中的羞愧引起我后来对于这个问题不断的注意。我看到希腊造形艺术大半着眼在人物,就是我们汉唐以前的画艺的重要母题也还是人物;我又读到黑格尔称赞人体达到理想美的一番美学理论,不免怀疑我们一向着重山水看轻人物是一种偏见,而我们的画艺多少根据这种偏见形成一种畸形的发展。在这里我特别注意到作者所说的倪云林画山水不肯着人物的故事,这可以说是艺术家的"洁癖",一涉到人便免不掉人的肮脏恶浊。这种"洁癖"是感到人的尊严而对于人的不尊严的一面所引起的强烈的反抗,"掩鼻而过之",于是皈依于远离人境的自然。这倾向自然不是中国艺术家所特有的,可是在中国艺术家的心目中特别显著。我们于此也不必妄作解人,轻加指摘。不过我们不能不明白这些皈依自然在已往叫做"山林隐逸"的艺术家有一种心理的冲突——理想与现实的冲突,或者说,自然与人的冲突——而他们只走到这冲突两端中的一端,没有能达到黑格尔的较高的调和。为什么不能在现实人物中发现庄严幽美的意象世界呢？我们很难放下这一个问题。放下但丁、莎士比亚和曹雪芹一班人所创造的有血有肉的人物不说，单提武梁祠和巴惕楞(Parthenon)的浮雕，或是普拉克什特理斯(Praxiteles)的雕像和吴道子的白描，它们所达到的境界是否真比不上关马董王诸人所给我们的呢？我们在山林隐逸的气氛中胎息生长已很久了，对于自然和文人画已养成一种先天的在心里伸着根的爱好，这爱好本是自然而且正常的，但是放开眼睛一看，这些幽美的林泉花鸟究竟只是大世界中的一角落，此外可欣喜的对象还多着咧。我们自己——人——的言动笑貌也并不是例外。身份比较高的艺术家，不尝肯拿他们的笔墨在这一方面点染，不能不算是一种缺陷。

我在谈《小哥儿俩》这番讨论自然画与人物画的话似乎不很切题，其实我的感想也有一种自然的线索，作者是文学家也是画家，不仅她的绘画的眼光和手腕影响她的文学的作风，而且我们在文人画中所感到的缺陷在文学作品中得到应有的弥补。从叔华的画稿转到她的《小哥儿俩》正如庄子所说的"逃空谷者闻人足音跫然而喜"。在这里我们看到人，典型的人，典型的小孩子像大乖、二乖、珍儿、凤儿、枝儿、小英，典型的太太姨太太像三姑的祖母和婆婆，凤儿家的三娘以至于六娘，典型的佣人像张妈，典型的丫鬟像秋菊，跄跄来往，组成典型的旧式的贵族家庭，这一切人物都是用画家笔墨描绘出来的，有的现全身，有的现半面，有的站得近，有的站得远，没有一个不是活灵活现的。小说家的使命不仅在说故事，尤其在写人物，一部作品里如果留下几个叫人一见永不能忘的性格，像《红楼梦》里的王凤姐和刘姥姥，《儒林外史》里的马二先生和严贡生，那就注定了它的成功，如果这个目标不错，我相信《小哥儿俩》在现代中国小说中是不可多得的成就。

像题目所示的《小哥儿俩》所描写的主要地是儿童，这一群小仙子圈在一个大院落里自成一个独立自足的世界，有他们的忧喜，他们的恩仇，他们的尝试与失败，他们的诙谐和严肃，但是在任何场合，都表现他们特有的身份证：烂漫天真，大乖和二乖整夜睡不好觉，立下坚决的誓愿要向吃了八哥的野猫报仇，第二天大清早起架起天大的势子到后花园去把那野猫打死，可是发现它在喂一窝小猫儿的奶，那些小猫太可爱了，太好玩了，于是满腔仇恨烟消云散，抚玩这些小猫。作者把写《小哥儿俩》的笔墨移用到画艺里面去，替中国画艺别开一个生面。我始终不相信莱辛（Lessing）的文艺只宜叙述动作，造形艺术只宜描绘静态那一套理论。

作者写小说像她写画一样，轻描淡写，着墨不多，而传出来的意味很隽永。在这几篇写小孩子的文章里面，我们隐隐约约的望见旧家庭里面大人们的忧喜恩怨。他们的世故反映着孩子们的天真，可是就在这些天真的孩子们身上，我们已开始见到大人们的影响，他们已经在模仿爸爸妈妈哥哥姐姐们玩心眼。我们不禁联想到华兹华斯的名句：

你的心灵不久也快有她的尘世的累赘了。习俗躺在你身上带着一种重压，像霜那么沉重，几乎像生命那么深永！

像每一个真正的艺术家，作者是不肯以某一种单纯的固定的风格自封的。我特别爱好《写信》和《无聊》那两篇，它们显示作者的另一作风。《写信》全篇是独语，不但说了一个故事，描写了一个性格，还把那主人翁——张太太——的心窍都披露出来。这是布朗宁（Browning）和艾略特（T.S.Eliot）在诗中所用的技巧，用在小说方面还不多见。我相信这种写法将来还有较大的前途。《无聊》是写一种 mood，同时也写了一种 atmosphere，写法有时令人联想到曼斯菲尔德（Mansfied），很细腻很真实。"终日驱车走，不见所问津"，古人推为名句。这篇小说很有那两

215

句诗的风味。

我总得再说一遍,这部《小哥儿俩》对于我是一个新发见,给了我很大的喜悦。我相信许多读者会和我有同感。

1945年3月于嘉定
(载《天下周刊》创刊号,1946年5月)

文学与人生

文学是以语言文字为媒介的艺术。就其为艺术而言,它与音乐图画雕刻及一切号称艺术的制作有共同性:作者对于人生世相都必有一种独到的新鲜的观感,而这种观感都必有一种独到的新鲜的表现;这观感与表现即内容与形式,必须打成一片,融合无间,成为一种有生命的和谐的整体,能使观者由玩索而生欣喜。达到这种境界,作品才算是"美"。美是文学与其他艺术所必具的特质。就其以语言文字为媒介而言,文学所用的工具就是我们日常运思说话所用的工具,无待外求,不像形色之于图画雕刻,乐声之于音乐。每个人不都能运用形色或音调,可是每个人只要能说话就能运用语言,只要能识字就能运用文字。语言文字是每个人表现情感思想的一套随身法宝,它与情感思想有最直接的关系。因为这个缘故,文学是一般人接近艺术的一条最直截简便的路;也因为这个缘故,文学是一种与人生最密切相关的艺术。

我们把语言文字联在一起说,是就文化现阶段的实况而言,其实在演化程序上,先有口说的语言而后有手写的文字,写的文字与说的语言在时间上的距离可以有数千年乃至数万年之久,到现在世间还有许多民族只有语言而无文字。远在文字未产生以前,人类就有语言,有了语言就有文学。文学是最原始的也是最普遍的一种艺术。在原始民族中,人人都欢喜唱歌,都欢喜讲故事,都欢喜戏拟人物的动作和姿态。这就是诗歌、小说和戏剧的起源。于今仍在世间流传的许多古代名著,像中国的《诗经》,希腊的荷马史诗,欧洲中世纪的民歌和英雄传说,原先都由口头传诵,后来才被人用文字写下来。在口头传诵的时期,文学大半是全民众的集体创作。一首歌或是一篇故事先由一部分人倡始,一部分人随和,后来一传十,十传百,辗转相传,每个传播的人都贡献一点心裁把原文加以润色或增损。我们可以说,文学作品在原始社会中没有固定的著作权,它是流动的,生生不息的,集腋成裘的。它的传播期就是它的生长期,它的欣赏者也就是它的创作者。这种文学作品最能表现一个全社会的人生观感,所以从前关心政教的人要在民俗歌谣中窥探民风国运,采风观乐在春秋时还是一个重要的政典。我们还可以进一步说,原始社会的文学就几乎等于它的文化;它的历史、政治、宗教、哲学等等都反映在它的诗歌、神话和传说里面。希腊的神话史诗,中世纪的民歌传说以及近代中国边疆民族的歌谣、神话和民间故事都可以为证。

  口传的文学变成文字写定的文学,从一方面看,这是一个大进步,因为作品可以不纯由记忆保存,也不纯由口诵流传,它的影响可以扩充到更久更远。但从另一方面看,这种变迁也是文学的一个厄运,因为识字另需一番教育,文学既由文字保存和流传,文字便成为一种障碍,不识字的人便无从创造或欣赏文学,文学便变成一个特殊阶级的专利品。文人成了一个特殊阶级,而这阶级化又随社会演进而日趋尖锐,文学就逐渐和全民众疏远。这种变迁的坏影响很多,第一,文学既与全民众疏远,就不能表现全民众的精神和意识,也就不能从全民众的生活中吸收力量与滋养,它就不免由窄狭化而传统化,形式化,僵硬化。其次,它既成为一个特殊阶级的兴趣,它的影响也就限于那个特殊阶级,不能普及于一般人,与一般人的生活不发生密切关系,于是一般人就把它认为无足轻重。文学在文化现阶段中几已成为一种奢侈,而不是生活的必需。在最初,凡是能运用语言的人都爱好文学;后来文字产生,只有识字的人才能爱好文学;现在连识字的人也大半不能爱好文学,甚至有一部分人鄙视或仇视文学,说它的影响不健康或根本无用。在这种情形之下,一个人想要郑重其事地来谈文学,难免有几分心虚胆怯,他至少须说出一点理由来辩护他的不合时宜的举动。这篇开场白就是替以后陆续发表的十几篇谈文学的文章作一个辩护。

先谈文学有用无用问题。一般人嫌文学无用,近代有一批主张"为文艺而文艺"的人却以为文学的妙处正在它无用。它和其他艺术一样,是人类超脱自然需要的束缚而发出的自由活动。比如说,茶壶有用,因能盛茶,是壶就可以盛茶,不管它是泥的瓦的扁的圆的,自然需要止于此。但是人不以此为满足,制壶不但要能盛茶,还要能娱目赏心,于是在质料、式样、颜色上费尽机巧以求美观。就浅狭的功利主义看,这种功夫是多余的,无用的;但是超出功利观点来看,它是人自作主宰的活动。人不惮烦要作这种无用的自由活动,才显得人是自家的主宰,有他的尊严,不只是受自然驱遣的奴隶;也才显得他有一片高尚的向上心。要胜过自然,要弥补自然的缺陷,使不完美的成为完美。文学也是如此。它起于实用,要把自己所知所感的说给旁人知道;但是它超过实用,要找好话说,要把话说得好,使旁人在话的内容和形式上同时得到愉快。文学所以高贵,值得我们费力探讨,也就在此。

这种"为文艺而文艺"的看法确有一番正当道理,我们不应该以浅狭的功利主义去估定文学的身价。但是我以为我们纵然退一步想,文学也不能说是完全无用。人之所以为人,不只因为他有情感思想,尤在他能以语言文字表现情感思想。试假想人类根本没有语言文字，像牛羊犬马一样，人类能否有那样光华灿烂的文化？文化可以说大半是语言文字的产品。有了语言文字，许多崇高的思想，许多微妙的情境，许多可歌可泣的事迹才能流传广播，由一个心灵出发，去感动无数心灵，去启发无数心灵的创造。这感动和启发的力量大小与久暂，就看语言文字运用得好坏。在数千载之下，《左传》、《史记》所写的人物事迹还活现在我们眼前，若没有左丘明、司马迁的那种生动的文笔，这事如何能做到？在数千载之下，柏拉图的《对话集》所表现的思想对于我们还是那么亲切有趣，若没有柏拉图的那种深入而浅出的文笔，这事又如何能做到？从前也许有许多值得流传的思想与行迹，因为没有遇到文人的点染，就淹没无闻了。我们自己不时常感觉到心里有话要说而说不出的苦楚么？孔子说得好："言之无文，行之不远。"单是"行远"这一个功用就深广不可思议。

柏拉图、卢梭、托尔斯泰和程伊川都曾怀疑到文学的影响，以为它是不道德的或是不健康的。世间有一部分文学作品确有这种毛病，本无可讳言，但是因噎不能废食，我们只能归咎于作品不完美，不能断定文学本身必有罪过。从纯文艺观点看，在创作与欣赏的聚精会神的状态中，心无旁涉，道德的问题自无从闯入意识阈。纵然离开美感态度来估定文学在实际人生中的价值，文艺的影响也决不会是不道德的，而且一个人如果有纯正的文艺修养，他在文艺方面所受的道德影响可以比任何其他体验与教训的影响更为深广。"道德的"与"健全的"原无二义。健全的人生理想是人性的多方面的谐和的发展，没有残废也没有臃肿。譬如草木，在风调雨顺的环境之下，它的一般生机总是欣欣向荣，长得枝条茂畅，花叶扶疏。情感思想便是人的生机，生来就需要宣泄生长，发芽开花。有情感思想而不能表现，生机便遭窒塞残损，好比一株发育不完全而呈病态的花草。文艺是情感思想的表现，也就是生机的发展,所以要完全实现人生,离开文艺决不成。世间有许多对文艺不感兴趣的人干枯浊俗,生趣索然,其实都是一些精神方面的残废人,或是本来生机就不畅旺,或是有畅旺的生机因为窒塞而受摧残。如果一种道德观要养成精神上的残废人,它本身就是不道德的。

表现在人生中不是奢侈而是需要,有表现才能有生展,文艺表现情感思想,同时也就滋养情感思想使它生展。人都知道文艺是"怡情养性"的。请仔细玩索"怡养"两字的意味!性情在怡养的状态中,它必定是健旺的,生发的,快乐的。这"怡养"两字却不容易做到,在这纷纭扰攘的世界中,我们大部分时间与精力都费在解决实际生活问题,奔波劳碌,很机械地随着疾行车流转,一日之中能有几许时刻回想到自己有性情?还论怡养!凡是文艺都是根据现实世界而铸成另一超现实的意象世界,所以它一方面是现实人生的返照,一方面也是现实人生的超脱。在让性情怡养在文艺的甘泉时,我们霎时间脱去尘劳,得到精神的解放,心灵如鱼得水地徜徉自乐;或是用另一个比喻来说,在干燥闷热的沙漠里走得很疲劳之后,在清泉里洗一个澡,绿树荫下歇一会儿凉。世间许多人在劳苦里打翻转,在罪孽里打翻转,俗不可耐,苦不可耐,原因只在洗澡歇凉的机会太少。

从前中国文人有"文以载道"的说法,后来有人嫌这看法的道学气太重,把"诗言志",一句老话抬出来,以为文学的功用只在言志;释志为"心之所之"因此言志包涵表现一切心灵活动在内。文学理论家于是分文学为"载道"、"言志"两派,仿佛以为这两派是两极端,绝不相容——"载道"是"为道德教训而文艺","言志"是"为文艺而文艺"。其实这问题的关键全在"道"字如何解释。如果释"道"为狭义的道德教训,载道就显然小看了文学。文学没有义务要变成劝世文或是修身科的高头讲章。如果释"道"为人生世相的道理,文学就决不能离开"道","道"就是文学的真实性。志为心之所之,也就要合乎"道",情感思想的真实本身就是"道",所以"言志"即"载道",根本不是两回事,哲学科学所谈的是"道",文艺所谈的仍然是"道",所不同者哲学科学的道是抽象的,是从人生世相中抽绎出来的,好比从盐水中所提出来的盐;文艺的道是具体的,是含蕴在人生世相中的,好比盐溶于水,饮者知咸,却不辨何者为盐,何者为水。用另一个比喻来说,哲学科学的道是客观的、冷的、有精气而无血肉的;文艺的道是主观的、热的,通过作者的情感与人格的渗沥,精气与血肉凝成完整生命的。换句话说,文艺的"道"与作者的"志"融为一体。

我常感觉到,与其说"文以载道",不如说"因文证道"。《楞严经》记载佛有一次问他的门徒从何种方便之门,发菩提心,证圆通道。几十个菩萨罗汉轮次起答,有人说从声音,有人说从颜色,有人说从香味,大家总共说出二十五个法门(六根、六尘、六识、七大,每一项都可成为证道之门)。读到这段文章,我心里起了一个幻想,假如我当时在座,轮到我起立作答时,我一定说我的方便之门是文艺。我不敢说我证了道,可是从文艺的玩索,我窥见了道的一斑。文艺到了最高的境界,从理智方面说,对于人生世相必有深广的观照与彻底的了解,如阿波罗凭高远眺,华严世界尽成明镜里的光影,大有佛家所谓万法皆空,空而不空的景象;从情感方面说,对于人世悲欢好丑必有平等的真挚的同情,冲突化除后的谐和,不沾小我利害的超脱,高等的幽默与高度的严肃,成为相反者之同一。柏格森说世界时时刻刻在创化中,这好比一个无始无终的河流,孔子所看到的"逝者如斯夫,不舍昼夜",希腊哲人所看到的"濯足清流,抽足再入,已非前水",所以时时刻刻有它的无穷的兴趣。抓住某一时刻的新鲜景象与兴趣而给以永恒的表现,这是文艺。一个对于文艺有修养的人决不感觉到世界的干枯或人生的苦闷。他自己有表现的能力固然很好,纵然不能,他也有一双慧眼看世界,整个世界的动态便成为他的诗,他的图画,他的戏剧,让他的性情在其中"怡养"。到了这种境界，人生便经过了艺术化，而身历其境的人，在我想，可以算得一个有"道"之士。从事于文艺的人不一定都能达到这个境界，但是它究竟不失为一个崇高的理想，值得追求，而且在努力修养之后，可以追求得到。

（选自《谈文学》，开明书店 1946 年 5 月出版）

现代中国文学

　　本文是应张晓峰先生之约为《现代中国文化》一部书写的一章。字限五千左右，所以只能说一个概括，粗略在所难免。因为它还可以见出变迁的大势，附载于此①。

　　近五十年里，中国经过了它在历史上未曾经过的大变动。文学的变动是时代变动的反映。这时代变动的起源是东西文化的接触。这接触期间正值欧美强盛而中国衰弱，一接触之后，两两相形，中国的各方面的弱点陡然暴露，于是知识界起了一个维新大运动。这运动中有几件大事。

　　第一件是教育方式的改革，学校代替了科举，近代科学代替了古代经籍的垄断。在早期的这种改革诚不免肤浅幼稚，却收了很大的效果。就文学而言，它解放了八股与经义的桎梏，使语文变成较适用于现实人

---

① 指《文学杂志》第 2 卷第 8 期。——编者

生的一种工具。新闻事业随着教育事业发达。作者与读者都逐渐多起来,作者运用语文于时世的叙述和讨论,读者从语文中得到较切实的知识,发生较亲切的兴趣。语文与实际生活接近,这一点是不容忽视的,在从前,语文是专为读经籍与讨论经籍用的,与现实人生多少已脱了节。文学不能在广泛的人生中吸取源泉,原因也就在此。

第二件大事是政体的改革——民主政治代替了君主专制。这改革在初期也很幼稚肤浅,却也收了很大的效果。就文学而言,读者群变了,作者的对象和态度也随之而变了。二千余年来,中国文学在大体上是宫廷文学,叫得好听一点是庙堂文学。它是一个进身之阶,读书人都借此以取禄获宠。所以写作的对象是皇帝和达官贵人,而写作的态度也就不免要逢迎当时朝廷的习尚。周秦的游说,两汉的辞赋,六朝清谈艳语,唐宋的词,元代的曲,明清的八股时文,都是这样起来的。从战国到满清,奏疏策议成为文学中重要的体裁之一,这在外国都无先例可证。君主既推翻了,宫廷文学也就随之失势。如今,作者的写作对象不是达官贵人,而是一般看报章杂志的民众。作者与读者是平辈人,彼此对面说话,从前那些"行上"和"行下"的态度和口吻都用不着了。这个变迁是非常重要的。文学从此可以脱离官场的虚骄和谄媚,变得比较家常亲切,不摆空架子;尤其重要的是,它从此可以在全民族的生活中吸取滋养与生命力。

由古文学到新文学,中间经过一个很重要的过渡时期。在这时期,一些影响很大的作品既然够不上现在所谓"新",却也不像古人所谓"古"。梁启超的《新民丛报》,林纾的翻译小说,严复的翻译学术文,章士钊的政论文以及白话文未流行以前的一般学术文与政论文都属于这一类。他们还是运用文言,却已打破古文的许多拘束,往往尽情流露,酣畅淋漓,容易引人入胜。我们年在五十左右的人大半都还记得幼时读《新民丛报》的热忱与快感。这种过渡时期的新文言对于没落时期的古文已经是一个大解放,进一步的解放所要做的事不过把文言换成白话而已。

白话文运动只是历史发展的当然的结果。这运动开始于民国六年,它的倡导人是北京大学一批教授,胡适、陈独秀、钱玄同诸人,它的喉舌是《新青年》和《思潮》几种杂志。胡适在《文学改良刍议》里提出新文学的八大信条:一、不用典;二、不用陈套语;三、不讲对仗;四、不避俗字俗语;五、须讲求文法;六、不作无病之呻吟;七、不摹仿古人须语语有个我在;八、须言之有物。陈独秀在他的《文学革命论》里也提出三大主义:

一、推倒雕琢的阿谀的贵族文学,建设平易的抒情的国民文学;

二、推倒陈腐的铺张的古典文学,建设新鲜的立诚的写实文学;

三、推倒迂晦的艰涩的山林文学,建设明了的通俗的社会文学。

话到此为止,胡、陈两人的主张多是消极的,破坏的,他们都针对行将就木的古文说话,这些话在历史上说过的人也很不少,不过他们把它大声疾呼,造成了一个广泛的有意义的运动。他们的真正的贡献在提倡白话文,胡适在《建设的文学革命论》里说:

我的唯一宗旨只有十个大字:"国语的文学,文学的国语"。我们所提倡的文学革命只是要替中国创造一种国语的文学。有了国语的文学,方才可以有文学的国语。

这个呼声很明亮而响亮,当时很博得大多数青年的强烈的拥护,也惹起一些眷恋古人者的微弱的抗争。平心而论,胡陈诸人当初站在白话文一方面说话,持论时或不免偏剧,例如把古文学一律谥为"死文字",以为写的语文与说的语文必定全一致,而且一用白话文,文学就可以免去虚伪、陈腐、空疏之类毛病,这些见解在理论与事实的分析上诚不免粗疏；但是，他们的基本主张是对的，文学以语文为工具，语文都随时代生长变迁，居今之世，不能一味学古人说话。用现代语言表现现代情感思想，使现代一般民众都能了解欣赏，这不但在教育上是一个大便利，在文学上也是一个大进步。要论维新运动以来影响到中国文化的大事件，白话文运动恐怕不亚于民主政体的建立。

从民国六年到现在，中国处在多事之秋，政治的波动常波及文学，这短促的三十年见过许多门户的对立，和许多主义的宣扬，大半是昙花一现，在这篇短文中我们无用缕述。其中有一个较广泛而剧烈的争执却不能不趁便一提。这就是左派与右派的对立。本来新文学运动的倡导人大半是自由主义者，在白话文的旗帜之下，大家自由写作，各自摸路，并无一种明显的门户意识。"左翼作家同盟"起来以后，不"入股"的作者们于是尽被编入"右派"的队伍。左翼作家所号召的是无产阶级文学或普罗文学，要文学反映无产阶级的政治意识，使文学成为政治宣传的工具。因为无产阶级的政治意识在中国尚未成为事实，他们也只是有理论而无作品。不过他们的伎俩倒被政治色彩不同的人们窃取，近二三十年文学界许多宣传口号都是这种伎俩的应声。我们看见许多没有作品的"作家"和许多不沾文学气息的文学集会。

谈到作品这二三十年的成就却也未可厚非。二三十年在历史上是很短促的，我们原不能存大的奢望。我们不要忘记新文学还在萌芽期，所要寻问的不是有无划时代的伟大的作品，而是多数人的共同努力是朝那一个方向。如果我们把五十年以前的传统文学和近三十年的新文学对比参较，我们会发现一个空前的突变。我们确是在朝一个崭新的方向走。

先说诗。新诗不但放弃了文言，也放弃了旧诗的一切形式。在这方面西方文学的影响最为显著。不过对于西诗的不完全不正确的认识产生了一些畸形的发展。早期新诗如胡适、刘复诸人的作品只是白话文写的旧诗,解了包裹的小脚。继起的新月派诗人如徐志摩、闻一多诸人大体摹仿西方浪漫派作品,在内容与形式上洗炼的功夫都不够。近来卞之琳、穆旦诸人转了方向,学法国象征派和英美近代派,用心最苦而不免偏于僻窄。冯至学德国近代派,融情于理,时有胜境,可惜孤掌难鸣。臧克家早年走中国民歌的朴直的路,近年来却未见有多大的发展。新诗似尚未踏上康庄大道,旧形式破坏了,新形式还未成立。任何人的心血来潮,奋笔直书,即自以为诗。所以青年人中有一个误解,以为诗最易写,而写诗的人也就特别多。

次说小说。通盘计算,小说的成绩似比较好,原因或许是小说多少还可以接得上中国的传统。而近来所承受的外来影响大体上是写实主义,这多少需要实际人生的了解和埋头苦干的功夫。鲁迅树了短篇讽刺的规模,沈从文、芦焚、沙汀诸人都从事于地方色彩的渲染,茅盾揭开都市工商业生活的病态,巴金发掘青年男女的理想和热情。这些人的作品至少有一部分在历史上会留下痕迹的。抗战以来继起的作者未免寥寥。论理,这伟大的动荡不应不反映于文学,而反映的最适宜的媒介当然是小说。

再次说戏剧。戏剧意在上演,本最易接近一般人民,但是在技巧上它比小说较难,成功极不容易。近年来戏剧的成就不但比不上小说,而且也比不上新诗。早期剧本大半是"文明戏",剧界先进如陈大悲、余上沅、熊佛西诸人都没有写成一部可留传的剧本。独幕剧至今还算丁西林的《一只蚂蜂》可看。改编剧本倒有很成功的。从洪深的《少奶奶的扇子》到李健吾的《阿史那》,可看的改编本很不少,原因是技巧的困难已经原作者解决过。创作剧本最成功的要算曹禺,他的剧情曲折,对话生动,早已博得听众的好评。只是他摹仿西方剧本的痕迹有时太显著,情节有时太繁复。抗战中戏剧最流行,但是用意多在宣传,情节多偏于侦探,杰作甚少。郭沫若写了几部历史剧,场面很热闹,有很生动的片断,可惜就整部看,在技巧上破绽甚多。总之,戏剧距离理想还很远。

新文学所受的影响主要地是西方文学,所以不得不略谈翻译。林纾以古文译二流小说,歪曲删节,原文风味无存。但是,他是第一个人引起中国人对西方小说发生兴趣的,功劳未可泯没。继起的周作人、胡适诸人开始用白话翻译,多偏重短篇。到近二十年才有大规模的长篇翻译。论体裁还是小说居多。耿济之、曹靖华、鲁迅、高植所译成的俄国小说影响最大。此外,潘家洵之于易卜生,梁实秋之于莎士比亚,李健吾之于福楼拜,袁家骅之于康拉德,熊式一之于伯瑞,往往以一人之力译成一家的代表作,用力之勤也很可佩服。诗最难译,徐志摩、朱湘、梁遇春、梁宗岱、卞之琳、冯至诸人对于西诗各有尝试,但都限于零篇断简。总观翻译界,努力很可观,而成就不算卓越。原因有两种。第一是从事于翻译的人不是西文了解力不够,就是中文表现力不够。如果以译文校原文,不免错误的十之五六,失去原文风味的十之八九。其次,翻译者无组织、无计划,各凭私人一时兴趣取舍,东打一拳,西踢一脚,以至选择不精,零乱无系统,结果我们对于西方文学不能有一个周全而正确的认识。

翻译虽是不正确、不周全,却已发生了很大的影响。第一是体裁形式的解放。西方文学有许多体裁形式不是我们所固有而是我们可学习的。诗歌放弃了旧格律,小说放弃了章回,戏剧放弃了歌唱和散漫的结构,都在摹仿西方的技巧,现在虽还幼稚,将来总会逐渐成熟。其次是人生世相的看法的改变。文学的要义在"见得到,说得出",这"见"字很要紧,如今我们已逐渐学得西方文学家"见"人生世相的法门了,这就无异于说,我们扩充了眼界,磨锐了敏感,加强了想象与同情。第三是语文的演变。中西文组织形式大异,原亦各有短长,就大体说,西文的文法较严密,组织较繁复,弹性较大,适应情思曲折的力量较强。这些长处迟早必影响到中国语文。这就是中国语文欧化的问题。这是势所必至的。开始或嫌勉强,久之自觉习惯成自然。我相信欧化对于中国语文是好的,它可以把西文的优点移植过来。文化的其它方面可以由交流而融会,语文当然不是例外。

西方影响的输入使中国文学面临着一个极严重的问题,就是传统。我们的新文学可以说是在承受西方的传统而忽略中国固有的传统。互相影响原是文化交流所必有的现象,中国文学接受西方的影响是势所必至,理有固然的。但是,完全放弃固有的传统,历史会证明这是不聪明的。文学是全民族的生命的表现,而生命是逐渐生长的,必有历史的连续性。所谓历史的连续性是生命不息,前浪推后浪,前因产后果,后一代尽管反抗前一代,却仍是前一代的子孙。历史上还没有一个先例,让我们可以说某一国文学在某一个时代和它的整个的过去完全脱节,只承受一个外国的传统,它就能着土生根。中国过去的文学,尤其在诗方面,是可以摆在任何一国文学旁边而无愧色的。难道这长久的光辉的传统就不能发生一点影响,让新文学家们学得一点门径?这问题是值得我们思量的。

总之,我们的新文学还在开始,我们还在摸路,我们还需要更谦虚的学习,更多方的尝试,更坚定的努力。

(载《文学杂志》第 2 卷第 8 期,1948 年 1 月)

谈中西爱情诗

各国诗都集中几种普通的题材,其中最重要的是人伦。西方关于人伦的诗大半以恋爱为中心。中国诗言爱情的当然也很多,但是没有让爱情把其它人伦抹煞。朋友的交情和君臣恩谊在西方诗中几无位置,而在中国诗中则为最常见的母题。把屈原杜甫一批大诗人的忠君爱国忧民的部分剔开,他们的精华便已剥丧大半,他们便不成其为伟大。友朋交谊在中国诗中尤其重要,赠答酬唱之作在许多诗集中占其大半。苏李,建安七子,李杜,韩孟,苏黄,纳兰成德与顾贞观诸人的交谊古今传为美谈,他们的来往唱和的诗有很多的杰作。在西方诗人中像歌德和席勒,华兹华斯与柯尔律治,雪莱与济慈,魏尔兰与兰波诸人虽以交谊著,而他们的集中叙朋友乐趣的诗却不常见。这有几层原因:

一、西方社会表面上虽是国家为基础,骨子里却偏向个人主义。爱情在生命中最关痛痒,所以尽量发展,以至掩盖其它人与人的关系,说尽一个诗人的恋爱史,差不多就已说尽他的生命史,在浪漫时代尤其如此。中国社会表面上虽以家庭为中心,骨子里却侧重替国家服务("做官")。文人往往费大半生光阴于仕宦羁旅,"老妻寄异县"是常事。他们朝夕接触的往往不是妇女而是同僚与文字友。儒家的礼教在男女之间筑了一道很严密的防线("阃"),当然也有很大的关系。在西方,这种防线未尝不存在,却没有那么严密。

二、西方受骑士风的影响,尊敬女子是荣耀的事,女子的地位较高,教育也较完善,在学问兴趣上往往可与男子欣合,在中国得之于朋友的乐趣,在西方可以得之于妇人女子。中国受儒家的影响,乾上坤下是天经地义,而且女子被看成与"小人"一样"难养","近之则不逊,远之则怨",实际上也往往确是如此,所以男子对于女子常看作一种不得不有的灾孽。她的最大的任务是传嗣,其次是当家,恩爱只是一种伦理上的义务,志同道合是稀奇的事。中国人生理想向来侧重事功,"随着四婆裙"在读书人看是耻事。

三、东西恋爱观相差也甚远。西方人认为恋爱本身是一种价值,甚至以为"恋爱至上",恋爱有一套宗教背景,还有一套哲学理论,最纯洁的是灵魂的契合,拿生育的要求来解释恋爱是比较近代的事。中国人一向重视婚姻而轻视恋爱,真正的恋爱往往见诸"桑间濮上",潦倒无聊者才寄情于声色,像隋炀帝李后主几个风流天子都为世诟病,文人有恋爱行为的也往往以"轻薄""失检"见讥。在西方诗人中恋爱是实现人生的,与宗教文艺有同等功用;在中国诗人中恋爱是消遣人生的,妇人等于醇酒鸦片烟。

这并非说,中国诗人不能深于情,不过表现的方式不同。西方爱情诗大半作于婚媾之前,所以称赞美貌,申诉爱慕者特多;中国爱情诗大半作于婚媾之后,所以最好的往往是惜别,怀念,和悼亡。西诗最善于"慕",但丁的《新生》,彼特拉克和莎士比亚的商籁,雪莱的短歌之类都是"慕"的胜境。中国诗最善于"怨",《卷耳》,《柏舟》,《迢迢牵牛星》,曹丕的《燕歌行》,梁元帝的《荡妇秋思赋》,李白的《怨情》《春思》之类都是

"怨"的胜境。中国诗亦有能"慕"者，陶渊明的《闲情赋》是著例；但是末流之弊，"慕"每流于"荡"，如《西厢》的"惊艳"和"酬韵"。西方诗亦有能"怨"者，罗塞蒂的短诗和拉马丁的《湖》，《秋》，《谷》诸作是著例；但是末流之弊，"怨"每流于"怒"，如拜伦的《当我们分手时》和缪塞的《十月之夜》。"乐而不淫，哀而不伤"，所以是诗的一个很高的理想。

中西情诗词意往往有暗合处。赫芮克的《劝少女》绝似杜秋娘的《金缕曲》，丁尼生的《磨坊女》绝似陶渊明的《闲情赋》中"愿在衣而为领"一段。但是通盘计算，中西诗风味大有悬殊。如果要作公允的比较，我们须多举原作，非二三短例所可济事，而且诗不能译，西诗译尤难。我们在这里只略说个人的印象。大体说来，西诗以直率胜，中诗以委婉胜；西诗以深刻胜，中诗以微妙胜；西诗以铺张胜，中诗以简隽胜。在西方情诗中，我们很难寻出"却下水精帘，玲珑望秋月"，"过尽千帆皆不是，斜晖脉脉水悠悠"，"春衫犹是小蛮针线，曾湿西湖雨"诸句的境界；在中国情诗中，我们也很难寻出莎士比亚的《当我拿你比夏天》，雪莱的《印度晚曲》，布朗宁的《荒墟中的爱》和波德莱尔的《招游》诸诗的境界。

通则都有特例。中诗虽较西诗委婉，但也有很直率的。大约国风、乐府中出自民间的情诗多自然流露。唐五代小令胎息于教坊歌曲，言情也往往以直率见深至。像"子不我思，岂无他人"，"愿为西北风，长逝入君怀"，"碧玉破瓜时，郎为情颠倒，感郎不羞郎，回身就郎抱"，"陌上谁家年少，足风流，妾拟将身嫁与，一生休；纵被无情弃，不能羞"，"须作一生拚，尽君今日欢"，"奴为出来难，任侬恣意怜"之类如在欧洲情诗中出现，便难免贻讥大方，而在中诗中却不失其为美妙。西方受耶稣教的影响，言情诗对于肉的方面有一种"特怖"，所以尽情吐露有一个分寸，过了那个分寸便落到低级趣味。

肉的"特怖"令西方诗人讳言男女燕婉之私，但是西方人的肉的情欲是极强旺的，压抑势所不能，于是设法遮盖掩饰，许多爱情都因为要避免宗教道德意识的裁制，借化装来表现。弗洛伊德派心理学家曾经举过许多实例。但在中国，情形适得其反。不但与宗教道德意识相冲突的爱情可以赤裸裸地陈露，而且有许多本与男女无关的事情反而要托男女爱情的化装而出现。《诗经》中许多情诗据说是隐射国事的，屈原也常以男女关系隐寓君臣遇合。像朱庆馀的"装罢低声问夫婿，画眉深浅入时无？"那一首诗表面上表全是叙新婚之乐，实际却与新婚毫无关系。我们倒很希望弗洛伊德派心理学家对此种事例下一转语。

(载 1948 年 8 月 8 日《华北日报》)

目送归鸿,手挥五弦

嵇康送他的堂兄从军诗里这两句向我们透露了一些关于诗的消息。

"目送归鸿"和"手挥五弦"是两件事,似不相干,但其中却有微妙的联系。归鸿翱翔太空的形象和意趣会转化成弦上音,也会表达出作者的"俯仰自得,游心太玄"那种旷达高远的胸襟和情致。所以"到处留心皆学问"这句格言对诗人和艺术家有特别深刻的意义。孔子谈修养,引古诗"鸢飞戾天,鱼跃于渊"两句,作了一句说明:"言其上下察也"(见《中庸》),"上下察"才可扩大眼界,开拓胸襟,到做诗时也才可因景生情,触类旁通。

诗和一般艺术都可以说是触类旁通的工夫。传说王羲之看鹅掌拨水,悟出写字用笔的方法,张旭也是从看公孙大娘舞剑器,悟出写草书的诀窍。就诗来说,触类旁通还更重要。王羲之的《兰亭诗》里有两句说:"群籁虽参差,适我无非新"。群籁之所以能"适我",就是我的思想感情能触类旁通到群籁,发现自然界千变万化的事物和我有生生不息的契合。诗人的世界所以永远是新鲜的,诗的泉源所以是用之不竭的。

关于诗的创作方法,我国旧有赋比兴三体之说。其中只有赋是"直陈其事",比与兴都是"附托外物",所不同者"比显而兴隐"(据孔颖达的《毛诗·大序疏》)。所谓"附托外物"就是触类旁通,以近喻远或以远喻近,而不是"直陈其事"。兴比单纯的比又较微妙,所以随着诗歌在一个民族中的发展,诗艺日渐提高,兴也就日渐占优势。西方诗论从亚理斯多德以来,一直重视"隐喻"(metaphor)。"隐喻"就是我们所说的"兴"。西方十七八世纪开始盛谈想象与诗的密切关系,他们(例如洛克和休谟等)认为想象的特点就在于能在表面极不相似的事物之中发现类似,把在自然中原来是分开来的东西结合起来。用我们的话来说,这也就是触类旁通。人情和物理似很不类似,特别是人有生命而物有些是无生命的,但很不类似之中毕竟有些类似(例如辛词:"我见青山多妩媚,青山见我应如是"),因此,人情和物理可以达到一种出人意料的契合,这就是说,人情可以触类旁通到物理。人情本是游离恍惚的,要通过具体形象才能凝定下来,表达出去,这具体形象就要取材于自然界事物。凡是情景交融的诗歌都属于"兴"或隐喻一类,也都是拿物理来使人情变为具体形象的。

诗当然也可以"直陈其事",但是极难做好,特别是在抒情诗里"直"就易流于平板和一览无余。姑拿在我国传统诗歌中占比重很大的爱情诗为例。像"奈何许,天下人何限,慊慊只为汝!""须作一生拚,尽君今日欢"那样赤裸裸的直陈其事的好诗是不多见的。从《诗经》第一首《关雎》,经过唐诗宋词元曲,一直到现在民间恋歌,用比兴的居绝大多数。抽象的爱情是千篇一律的,联系到具体情境,附托到具体的景物,便显得千变万化,丰富多彩,各有各的独特的境界。这就是"群籁虽参差,适我无非新"。

诗有触类旁通的道理,所以言在此而意在彼,言有尽而意无穷,从有限可以见无限。诗的引人入胜处也就在此。

因此,用死办法很难把诗做好。所谓死办法就是写此人此物此事,眼睛就只看到此人此物此事,粘滞在迹象上,不让心眼儿多开一点窍,多放一些"心花",自己不能触类旁通,也不替读者多留一点触类旁通的余地,始终纠缠在"有限"里,见不出"无限"。这里可以趁便谈一谈我国过去诗论家用不同名词("意境","兴趣","妙悟","神韵","性灵","境界"等)所表现的同一个理想。

上文引的嵇康的那首诗里还有"嘉彼钓叟,得鱼忘筌"两句,这是用庄子的话。筌是捕鱼具,捕得鱼了,就可以不必粘滞在筌上。过去诗论家借用这个比喻,提出诗要"不落言筌",即所谓"不着一字,尽得风流"。做诗如何能"不着一字"?"不着一字"者是指不粘滞在此人此物此事上,"尽得风流"者此人此物此事毕竟如实写照出来。姑举大家都熟习的毛主席赠李淑一的《蝶恋花》为例来说明。这首词的此人此物此事是"杨柳二烈士牺牲之后许久,忠魂如果听到他们没有亲眼看到的革命胜利会感到的悲壮的情绪"。如用死办法做诗,这样直陈其事,就算完事大吉。毛主席却未曾在这上面着一字,而是用吴刚捧酒,嫦娥舒袖曼舞,伏虎的消息传到天上,忠魂的飞泪便成了人间的倾盆大雨那一种"游仙"境界的意象把它烘托出来,既虚无飘渺而又沉痛悲壮,所谓"如空中之音,相中之色,水中之月,镜中之象,言有尽而意无穷","尽得风流"。这就是"不落言筌",也就是严沧浪所说的"妙悟","妙悟"者由此悟彼,用彼显此,见出彼此之间若即若离,又似又不似那种微妙的联系。

言尽而意穷的不能算诗。执有尽之言而见不出无穷之意也不能算读诗。做诗和读诗都要既见出此人此物此事,又见出此人此物此事以外的广大天地,所谓"从有限见无限"。不同诗人在同一有限事物中所见到的无限不能尽同,不同读者在同一首诗中所见到的无限也不能尽同,仁者见仁,智者见智,深者见深,浅者见浅。读者不可能不把他个人的阅历和修养掺进到他的体会里去。所以除掉对史实、典故和字义的误解和曲解是在所不许之外，读者有触类旁通的权利。因此，一首真正可从有限见无限的诗就不可能有"只此一家"的解释。近来报刊上发表解释毛主席诗词的文章很多，看法分歧也很多，我想这是很合乎情理的事。

屈原的兰蕙杜若是抒写爱情还是发泄忠贞义愤？千载以下，谁做包龙图来判断这宗公案？我这长年坐在书房里六十五岁的老学究，读起《花间集》来也感到一种缠绵悱恻，读起稼轩词来也感到一种沉雄悲壮的气概，究竟我所感到的是我自己的情感还是作者的情感呢？我自己也很难判断这宗公案。我只知道这一点，诗人教会我们用他们的眼睛来看世界，来认识到有限中的无限，因而从自我的窄狭天地中解放出来，发现这世界永远是新鲜的，这生活是值得生活的。

(载《诗刊》第 4 期，1962 年 7 月)

从沈从文先生的人格看他的文艺风格

《花城》编辑同志远道过访,邀我写一篇短文谈沈从文先生的作品。我对文学作品向来侧重诗,对小说素少研究,还配不上谈从文的小说创作,好在能谈他的小说的人现在还很多。我素来坚信"风格即人格"这句老话,研究从文的文艺风格,有必要研究一下他的人格。在从文的最亲密的朋友中我也算得一个,对他的人格我倒有些片面的认识。在解放前十几年中,我和从文过从颇密,有一段时间我们同住一个宿舍,朝夕生活在一起。他编《大公报·文艺副刊》,我编商务印书馆的《文学杂志》,把北京的一些文人纠集在一起,占据了这两个文艺阵地,因此博得了所谓"京派文人"的称呼。京派文人的功过,世已有公评,用不着我来说,但有一点却是当时的事实,在军阀横行的那些黑暗日子里,在北方一批爱好文艺的青少年中把文艺的一条不绝如缕的生命线维持下去,也还不是一件易事。于今一些已到壮年或老年的小说家和诗人之中还有不少人是在当时京派文人中培育起来的。

在当时孳孳不辍地培育青年作家的老一代作家之中,就我所知道的来说，从文是很突出的一位。他日日夜夜地替青年作家改稿子，家里经常聚集着远近来访的青年，座谈学习和创作问题。不管他有多忙，他总是有求必应，循循善诱。他自己对创作的态度是极端严肃的。我看过他的许多文稿，都是蝇头小草，改而又改，东删一处，西补一处，改到天地头和边旁都密密麻麻地一片，也只有当时熟悉他的文稿的排字工才能辨认清楚。我觉得这点勇于改和勤于改的基本功对青年作家是一种极宝贵的"身教"，我自己在这方面就得到过从文的这种身教的益处。

从文是穷苦出身的，属于湖南一个少数民族。他的性格中见出不少的少数民族优点。刻苦耐劳，坚忍不拔，便是其中之一。从《新文学史料》第五辑中所载的他初到北京当穷学生时和郁达夫同志的交往，便可以生动地看出这一点，少数民族是民间文艺的摇篮，对文艺有特别广泛而尖锐的敏感。从文不只是个小说家，而且是个书法家和画家。他大半生都在从事搜寻和研究民间手工艺品的工作，先是瓷器和漆器，后转到民族服装和装饰。我自己壮年时代搜集破铜破铁，残碑断碣的癖好也是由从文传染给我的。从文转到故宫博物院和历史研究所之后，在继续民间工艺品的研究，他在这方面的成就并不下于他的文学创作。不过我觉得他因此放弃了文学创作究竟是一件很可惜的事。

谈到从文的文章风格，那也可能受到他爱好民间手工艺那种审美敏感影响，特别在描绘细腻而深刻的方面，《翠翠》可以为例。这部中篇小说是在世界范围里已受到热烈欢迎的一部作品，它表现出受过长期压迫而又富于幻想和敏感的少数民族在心坎里那一股沉忧隐痛，《翠翠》似显出从文自己的这方面的性格。他是一位好社交的热情人，可是在深心里却是一个孤独者。他不仅唱出了少数民族心声，也唱出了旧一代知识分子的心声，这就是他的深刻处。

1980 年

（载《花城》第 5 期，1980 年 5 月）

辑五　评论小辑

立达学园旨趣

我们坚信人类生而平等,个个人都有享受教育的权利,都应该有机会尽量发展天赋的资能,倘若有人因教育上的缺陷,成为社会进化的障碍,社会自身应负其责。教育是社会的义务,不是社会的恩惠。我们现在也只是本良心主张,履行社会的义务。

我们坚信社会遗传,经济状况及其他环境上的事项影响到文化的历程,固然很大;但是环境是可以人的意志征服和控制的。我们又坚信个人的先天的资禀固然多少已经预定生命程途上的种种倾向,但是这种先天的资禀大部分是可以教育势力去潜移默化的。所以改造社会,要根本从改革教育入手。

我们坚信腐败的教育不能解决纠纷的政治,纠纷的政治更不能改革腐败的教育。我国官办的教育,我们承认已无法可以去弥补,对于教育有觉悟又抱决心的志士,在这种积弊之下,不是感处处受牵制的痛苦,就是被溶化于这种洪炉烈焰。倘若我们还不及早从倚赖官办教育的迷梦中惊醒,一旦病根益固,恐将至无药可医的地步了。所以我们决计脱离圈套,另辟新境,自由自在地去实现教育理想。

我们坚信学校要有特殊的精神,才可以造就真正的人材;而这种特殊的精神要能对于现时社会有补偏救弊的效用。我们的学校悬下列几种鹄的:

一,在现时一般学校里,教师结合,既不纯粹以教育兴趣为基础;学生就学,也只是以金钱换取资格。师生间无了解所以无敬爱,无敬爱所以无人格感化。教室以外,别无观摩;课本以外,别无启发。在这种情形下,教育自然无好果。我们的学校纯粹由同志的教师,信仰的学生组成。一方面要具有社会的组织和互助的精神,一方面要充满了家庭的亲爱。大家都欣合无间,极力求由敬爱而发生人格感化。

二,我们的人格教育第一个要素就是诚实。社会上许多罪恶都生于虚伪。待人不诚,于是有欺诈凌虐;待己不诚,于是有失节败行。这种风气,学校教育要负大部分责任,因为种种繁琐的条文,形式的惩奖,和敷衍的手段都是培养虚伪的祸根。我们师生大家都极力求以至诚相见,免除一切虚伪,要使社会对于立达的师生所得最深刻的印象就是诚恳的态度。

三,我国民族性劣点在组织力薄弱,而组织力薄弱则由于自私心太重。文化的衰颓和政治的腐败,祸根都伏在这里。我们知道从前一切伟大的事业和伟大的思想大半都由牺牲的精神中产出;我们更坚信来日光明之出现,也必定借牺牲的精神引导。所以立达的师生要极力培养牺牲的精神,大家都要能抛弃身家,为人群谋幸福。

四,人类最高贵的一点灵光就是排除一切障碍而求实现理想的一种意力。这种意力要用刻苦耐劳去培养。我们立达的师生一方面要极力过俭朴的生活,使精神不易为物质欲所屈服;一方面要实行劳动,每日费若干时间,到工场农场去作工。我们坚信劳动可以养成刻苦耐劳的习惯,可以使我们领略创造的快慰,可以使我们能独立生活,不完全为社会上的消耗者。

五,东方人思想的缺点在偏于综合而短于分析,偏于演绎而短于归纳,偏于因循而短于创造。所以学问事业都很零碎错乱,进步迟缓。救这种弊病,要注重科学的训练。所以我们立达的师生对于学问方面,不纯是记忆书本知识,要能在课本自由研究,独立思索,以求养成科学的头脑。

本校的旨趣大纲如此。在这个举世滔滔中,我们的微薄的力量也许是杯水救车薪之火;但是我们坚信意志能够征服一切,我们十分坚信我国民族是能够以少数转移多数的,改变风气,不是一回难事。我们很明了地望见横在我们的前面有一个极庄严灿烂的世界。

(载《立达学园一览》,1926年出版,未署名)

中国思想的危机

中国思想现在已经达到一个剧烈的转变期,这是有目共睹的事实;至于把这个转变认为危机,有许多人也许不同意。就一般人看,中国知识阶级在思想上现在所能走的路只有两条,不是左,就是右,决没有含糊的余地。所谓"左",就是主张推翻中国政治经济现状,用马克思的唯物史观,实行共产主义。这个旗帜是很鲜明的,观者一望而知。至于所谓"右",定义就不容易下,这个暧昧的标签之下,包含一切主张维护现状者,虽不满意于现状而却不同情于苏俄与共产主义者,虽同情于苏俄与共产主义而却觉到现时中国尚谈不到这一层者,甚至于不关心政治而不表示任何态度者。政治思想在我们中间已变成一种宗教上的"良心",它逼得我们一家兄弟们要分起家来。思想态度相同而其余一切尽管天悬地隔,我们仍是同路人;一切相似而思想态度不一致,我们就得成仇敌。我们中间有许多人感到这种不能不站在某一边的严重性是一种压迫。有时候我们走到左或是走到右,原非起于本意,全是由于不得不分家的情势逼成的,甚至于思想本来很左的人被逼到右边去,思想本来很右的人被逼到左边去。我们的去就大半取决于情感和利害两个要素，但是我们常只承认我们的动机是思想。

这是一个危机。它所以是危机，并非由于左派或右派所推尊的学说本身含有危险性，像一般人所想象的，就其为特殊问题的答案而言，每种学说在它所希图解决的特殊困难情境之下，都只有错与不错或适用与不适用的分别，而没有所谓危险与不危险的分别；就其应用于实际生活而言，如果以甲问题的答案，用来解答性质不同的乙问题，则任何学说，都有被误用的可能性，就都有危险性，不独某一派学说为然。

我们所认为危机者，第一是误认信仰为思想以及误认旁人的意见为自己的思想的恶风气。思想都需要事实的凭证与逻辑的线索。它是一种有条理的心理活动而不是一套死板公式。真正思想都必定是每个人摸索探讨出来的，创造的而不是因袭的。没有事实的凭证与逻辑的线索，没有经过自己的有条理的运思，而置信于自己的或旁人的一种意见，那只是信仰而不是思想。没有思想做根据的信仰都多少是迷信。比如马克思的学说是他在伦敦博物院的图书馆里困坐数十年辛苦研究所得的结论，那对于他确实是思想的成就，无论它是否完全精确。现在中国有许多人没有经过马克思的辛苦研究，把他的学说张冠李戴地放在自己身上，说那就是他们自己的"思想"，把它加以刻板公式化，制为口号标语，以号召青年群众，这就未免是误认信仰为思想，误认旁人的意见为自己的思想了。这种恶风气并不限于某一派。以口号标语作防御战，已成为各党派的共同的战术。受害最烈的是青年人。他们的天真抵不住宣传的麻醉。他们很老实地把口号标语宣言当作"思想"接受，他们很老实地相信几个大都会里一班制造口号标语宣言的文人们和政客们是在替我们的时代"领导"一种伟大的"思想"运动，如果这是思想运动，它的结果就只能叫人学会不思不想，以耳代脑，很恭顺地做野心政治家的工具。在野心政治家的立场,他们要宣传,玩的是政治手段,美其名曰"思想运动",自然是一笔得意文章;但是我们站在思想者的立场,要明白政治手段是政治手段,思想运动是思想运动——他们的手段是"愚民"的,与真正思想精神是相反的。

其次,我们所认为思想界危机的是因信仰某一派政治思想而抹煞一切其它学派的政治思想,甚至于以某一派政治思想垄断全部思想领域,好像除它以外就别无所谓思想。在现代中国流行语里,"思想"两个字专指一种窄狭得很奇怪的涵义,就是政治上的见解或态度。在政治方面,一个人非左倾即右倾;所以在"思想"方面,他也就应该非左倾即右倾。纵然假定政治思想在近代社会中特别重要,它究竟只是许多方面思想中的一种;一个智识阶级中人在近代社会中漠视政治思想,纵然是不可辩护的疏忽,他在其它方面作思想活动的自由也并不必因此而被剥夺。一个学者在数理或医学方面运用思想,也逃不出"左倾"或"右倾"的徽号么?语言与思想息息相关,淆乱语言,结果必至于淆乱思想,所以思想的第一要务在正名,尤其是"思想"一个名词本身,不应该乱用。

思想界的最严重的危机还不在以上所述两层,而在浮浅窄狭的观念因口号标语的暗示,在一般青年的头脑中深根固结,形成一种固定的习惯的反应模型,使他们不思想则已,一思想就老是依着那条抵抗力最小的烂熟的路径前进。思想要灵活清醒,变动不居,常在发见新路径,所以与习惯是相抵触的,依习惯向事物作反应者就无用思想。思想的必要就起于环境事实常变迁而习惯的反应不足以应变,才向新路径尝试探索。习惯依最低抵抗力路径而前进,思想则依最大抵抗力路径而前进。脑中由习惯而成的陈腐反应(stock responses)愈多,则思想愈受箝制。青年人比老年人思想灵活,就因为可以箝制思想的陈腐反应比较少。青年时代可以说是思想的生发期,老年则为思想凝固期,在生发期,思想的习惯大半是探险的,归纳的;在凝固期,思想的习惯大半是守旧的,演绎的。这是思想进展的自然程序,而现在中国青年思想却因受各方面的宣传麻醉而违反这个自然程序。他们脑里先充满着一些固定观念,这些固定观念先入为主,决定了他们的一切思路、一切应付事物的态度,打断了他们对于一切新思想或新想法的感受性,让他们的思想器官变成一套极板滞的机械。如果他们是"左"而认定一个人或一种思想是"右",或是如果他们是"右"而认定一个人或一种思想是"左",那就算是定了罪状,钉了棺材盖,决无考虑审辨的余地。换句话说,中国青年思想还未经生发期就已跨到凝固期,刚少年便已老成,他们的思想的习惯是演绎的而不是归纳的,守旧的而不是探险的。中国思想前途自然要希望青年去开发,而现代青年大多数却已因脑中被压进去过量的固定观念与陈腐反应,而失去思想所必要的无偏见,灵活,冷静与谦虚。这就是中国思想的最大的危机。

我们现在确实需要一个真正的思想运动,第一步要明了思想究竟是什么一回事以及思想所必有的态度与方法。有志于思想的人们应该慢些谈"左倾""右倾"。思想上只有是非真假而无所谓左右。我们且努力多读些书,多认识些不同的思想,多研究国际情势与中国实际现状,多受些辛苦的谨严的科学训练;我们应该学会怀疑,不轻下判断,不盲从任何派或所谓"领袖",从多方面的虚心的探讨中,我们会明白每一个问题都可有许多不同的看法,而绝对真理是极难寻求的。是非优劣由比较见出,集思才能广益。思想的最大的障碍是任私见武断,而成功的要诀则在自由研究与自由讨论。"工欲善其事,必先利其器",我们现在所最需要的不是某一种已成的思想(thought)而是自己开发思想所必需的正确的思想习惯(thinking habit)。

本文用意不在攻击或维护某一派思想,而在指出现在一般右倾者和左倾者在接受思想和宣传思想两方面所犯的共同毛病。一种思想如果不是由自己根据事实与逻辑所辛苦探讨出来的,它的基础就不坚稳,容易竖起也就容易推倒。无论是站在右派或左派的立场上,为长久之计,他们现在所持的态度,都是不聪明的,对于国家决不会有好影响。

(载 1937 年 4 月 4 日天津《大公报》)

再论周作人事件

今年四月二十八日出版的第十九号《文摘》载有余士华君译自大阪《每日新闻》的一篇关于"更生中国文化建设座谈会"的记载。此会是由大阪每日新闻社召集的，日期未载明，据文稿译者的案语，说是在"月前"，那大概就是三月中了。该文于谈话记载之外，附有与会者的照片，其中有"北京大学教授周作人"。

这段消息传出之后，在舆论界引起很大的注意。一般人根据这段记载纷纷痛骂周作人"附逆"，做了"汉奸"。武汉方面的全国文化界抗敌协会也根据这段记载通电全国对周氏大张讨伐，说要将他驱逐于文化界之外。听说这个协会里我也忝在"理事"之列，但是始终未理其事。最近本刊载了何其芳先生的《论周作人事件》一篇文章。他的态度也和大多数人是一致的。我个人的观感略有不同。本刊同人本来相约态度自由，文责自负，所以我把我的意见写在这里，供大家平心静气地参考。

我个人和周作人先生在北京大学同事四年，平时虽常晤谈，但说不上有什么很深的友谊。我对于他固无站在私交方面替他包办辩护的必要,但是跟着旁人去"投井下石"或是"知而不言",于心亦有未安。我所知道的周作人,说好一点是一个炉火纯青的趣味主义者,说坏一点是一个老于世故怕粘惹是非者。他向来怕谈政治。"附逆""做汉奸",他没有那种野心,也没有那种勇气。他是已过中年的人,除读书写文之外,对事不免因循。以他在日本知识界中的声望,日本人到了北平,决定包围他,利用他,这是他应该预料到的。到现在他还滞居北平,这种不明智实在是很可惋惜。他滞居北平的原因我想很多,贪舒适,怕走动,或许是最重要的一个。要说是他在北平,准备做汉奸,恐怕是近于捕风捉影。

"更生中国文化建设座谈会"的谈话与照片是日本报纸披露出来的。其中有无歪曲事象借以宣传的用意,尚待考证。我知道北京大学另一位同事孟心史先生在北平失陷之后,曾经被日本人逼迫解释北大所藏的一幅蒙古地图,事后并且挟持他去照了一个像。日本人也想收买他,用很高的价钱去租他一座很坏的房屋。后来孟先生临死时对妻子别无嘱咐,只是叫不要把房子租给日本人。孟先生被日本兵挟持所照的像发现于日本报纸,也很可能。如果据此断定孟先生附逆,那不是一桩冤案么?这种冤案在这个时代是很容易发生的。几年前要陷害一个人,就指他是共产党,现在要陷害一个人,就指他是汉奸。我有两位老友,杨效春先生和李蔚唐先生,就是在合肥被人以汉奸罪诬陷致惨死的。死后大家才知道那全是冤屈,但已没法补救了。我们对于真正的汉奸必须深恶痛嫉,但是不应该轻于以这种恶毒罪状加于无辜者的身上。如果轻易称人为汉奸,真汉奸反而在皂白不分里面混过去了。近来中央有明令禁止无确证而指人为伪孽,大概也有见于此。

回到日本人的问题,日本人想利用他,是事实。一直到现在为止,据北平友人来信,他还没有受利用。日本人计划恢复北平各大学,原拟周作人长北大,徐祖正长师大。后来徐祖正公然就职,周作人则始终没有答应。四月四日（在大阪《每日新闻》的消息之后）北平友人寄我一信，有下面一段话：

　　礼拜日谒知堂老人，适马幼渔在座。颇闻一二快语。是日尤方二君亦在座，方君新任议政会会计主任，其尊甫任秘书长也。二君拟办刊物，我敬谢不敏，并正言规之。二君奔走各方，事务甚忙。尤君近在近代科学图书馆授日文，月入百元。又为日人译书，月有百余元，共合二百余元。尚有闲暇办刊物，可谓风雅矣。耀辰（注：徐祖正）可鄙可嗤更亦复可悯。闻真气病。当不至不起。渠此次就职后突又称病辞职，系因与黎士衡争女学生。黎长女院，不愿男师将学生拉走，故规定男师不招收女生。耀辰因此在教部与黎拍案大骂，殊属令人哭笑不得。至于院长办公室有日人帮同照料，聘请教授，须经友方审定，尚是枝节的原因。闻渠与沈启无君甚交厚。此次指定沈担任某种课程，沈不愿，要求担任他种课程。耀辰竟因之与沈大翻脸，现在不往来矣。闻耀辰为人极 sensitive，然初当何又想过院长之瘾？稻孙之寡廉鲜耻，更属禽兽衣冠。不日即返平，其人形本极委琐不堪，任何人皆可呼之唤之，奴役之，招之代课即代课，招之传译即传译，招之待宴即陪席，招之开会即列坐，甚至命领新政府官养成所之官员东渡，即顺从之不暇。想此公亦是第三种人也。窃谓饿死事大，不敢否认，若有房屋若干所，而谓不能养廉者，则非吾辈所能得而知之矣。

写这封信的人平时与周作人和徐祖正都很熟识，与钱稻孙且有师弟之谊，因无厚于周而薄于徐钱之必要，看他的语气对于徐钱则直认为附逆而表示厌恨，对于周则表示尊敬，可知外间传言不尽可靠。最近我接到他的四月十七日的信，话说得更清楚，摘录如下：

253

知老近犹晤友。自去年以来，屏绝为外间撰文。最近此间刊物及东邻刊物犹不时索请答词。皆谓在此局面下无话可说。且亦无工夫写文字。又渠三十年来自文学艺术方面所了解之邻邦文化，全非那末一回事，故自此以后不再谭云。上週有改造社记者访问，所谭更磊落。询及对时局观察，谓此须阅报，始得知之。惟有一点可断言者，将来结束后，两方感情较事变前必益恶化云。又说以前有某种情绪者惟知识阶级中人，一班人皆茫然也。将来则经此次之经验后，某种情绪必普及于民众。盖大军所至，即极有力之宣传也。（此十周所亲闻者）此种傥论今日之在此者恐无第二人能说得耳。以我辈视之，今日在外人目光中仍然重视并钦迟者，惟知老一人。盖如钱徐皆能役使之也。人必自侮而后人侮，人必自尊而后人尊，此亦一例也。知老刻并周大周三之眷属而养之，月入仅中基会之二百。故每日译书极勤。然生活似颇窘。闻渠二公子因不能缴费业已被中法除名。不知能向蒙自方面通翰为之设法否？

我不敢说这两封信可为周氏尚未附逆的铁证，但是我相信它们比敌报的宣传语更较可靠。总之，一切都还待事实证明，现在对于周氏施攻击或作辩护，都未免嫌过早。有人借这次大阪《每日新闻》的传言，攻击到周氏的私生活，骂他吃苦茶，妒忌鲁迅，街上遇人不打招呼。世间完全人恐怕很少，我相信周氏也难免有凡人所常有的毛病。但是这另是一问题，似不应和他是否附逆相提并论。我们对自己尽可谨严，对旁人不妨宽厚一些。明末东林名士逼阮大铖走上附逆的路。周作人尚非阮大铖可比。在这个时候，我们不应该把自家的人推出去，深中敌人的毒计。

（载《工作》第 6 期，1938 年 6 月）

朝抵抗力最大的路径走

我提出这个题目来谈,是根据一点亲身的经验。有一个时候,我学过做诗填词。往往一时兴到,我信笔直书,心里想到什么,就写什么,写成了自己读读看,觉得很高兴,自以为还写得不坏,后来我把这些处女作拿给一位精于诗词的朋友看,请他批评,他仔细看了一遍后,很坦白地告诉我说:"你的诗词未尝不能做,只是你现在所做的还要不得。"我就问他:"毛病在那里呢?"他说:"你的诗词都来得太容易,你没有下过力,你欢喜取巧,显小聪明。"听了这话,我捏了一把冷汗,起初还有些不服,后来对于前人作品多费过一点心思,才恍然大悟那位朋友批评我的话真是一语破的。我的毛病确是在没有下过力。我过于相信自然流露,没有知道第一次浮上心头的意思往往不是最好的意思,第一次浮上心头的词句也往往不是最好的词句。意境要经过洗炼,表现意境的词句也要经过推敲,才能脱去渣滓,达到精妙境界。洗炼推敲要吃苦费力,要朝抵抗力最大的路径走。福楼拜自述写作的辛苦说:"写作要超人的意志,而我却只是一个人!"我也有同样感觉,我缺乏超人的意志,不能拼死力往里钻，只朝抵抗力最低的路径走。

这一点切身的经验使我受到很深的感触。它是一种失败，然而从这种失败中我得到一个很好的教训。我觉得不但在文艺方面，就在立身处世的任何方面，贪懒取巧都不会有大成就，要有大成就，必定朝抵抗力最大的路径走。

"抵抗力"是物理学上的一个术语。凡物在静止时都本其固有"惰性"而继续静止，要使它动，必须在它身上加"动力"，动力愈大，动愈速愈远。动的路径上不能无抵抗力，凡物的动都朝抵抗力最低的方向。如果抵抗力大于动力，动就会停止，抵抗力纵是低，聚集起来也可以使动力逐渐减少以至于消灭，所以物不能永动，静止后要它续动，必须加以新动力。这是物理学上一个很简单的原理，也可以应用到人生上面。人像一般物质一样，也有惰性，要想他动，也必须有动力。人的动力就是他自己的意志力。意志力愈强，动愈易成功；意志力愈弱，动愈易失败。不过人和一般物质有一个重要的分别：一般物质的动都是被动，使它动的动力是外来的；人的动有时可以是主动，使他动的意志力是自生自发自给自足的。在物的方面，动不能自动地随抵抗力之增加而增加；在人的方面，意志力可以自动地随抵抗力之增加而增加，所以物质永远是朝抵抗力最低的路径走，而人可以朝抵抗力最大的路径走。物的动必终为抵抗力所阻止，而人的动可以不为抵抗力所阻止。

照这样看，人之所以为人，就在能不为最大的抵抗力所屈服。我们如果要测量一个人有多少人性，最好的标准就是他对于抵抗力所拿出的抵抗力，换句话说，就是他对于环境困难所表现的意志力。我在上文说过，人可以朝抵抗力最大的路径走，人的动可以不为抵抗力所阻。我说"可以"不说"必定"，因为世间大多数人仍是惰性大于意志力，欢喜朝抵抗力最低的路径走，抵抗力稍大，他就要缴械投降。这种人在事实上失去最高生命的特征，堕落到无生命的物质的水平线上，和死尸一样东推东倒,西推西倒。他们在道德学问事功各方面都决不会有成就,万一以庸庸得厚福,也是叨天之幸。

人生来是精神所附丽的物质,免不掉物质所常有的惰性。抵抗力最低的路径常是一种引诱,我们还可以说,凡是引诱所以能成为引诱,都因为它是抵抗力最低的路径,最能迎合人的惰性。惰性是我们的仇敌,要克服惰性,我们必须动员坚强的意志力,不怕朝抵抗力最大的路径走。走通了,抵抗力就算被征服,要做的事也就算成功。举一个极简单的例子。在冬天早晨,你睡在热被窝里很舒适,心里虽知道这应该是起床的时候而你总舍不得起来。你不起来,是顺着惰性,朝抵抗力最低的路径走。被窝的暖和舒适,外面的空气寒冷,多躺一会儿的种种藉口,对于起床的动作都是很大的抵抗力,使你觉得起床是一件天大的难事。但是你如果下一个决心,说非起来不可,一耸身你也就起来了。这一起来事情虽小,却表示你对于最大抵抗力的征服,你的企图的成功。

这是一个琐屑的事例,其实世间一切事情都可作如此看法。历史上许多伟大人物所以能有伟大成就者,大半都靠有极坚强的意志力,肯向抵抗力最大的路径走。例如孔子,他是当时一个大学者,门徒很多,如果他贪图个人的舒适,大可以坐在曲阜过他安静的学者的生活。但是他毕生东奔西走,席不暇暖,在陈绝过粮,在匡遇过生命的危险,他那副奔波劳碌栖栖遑遑的样子颇受当时隐者的嗤笑。他为什么要这样呢?就因为他有改革世界的抱负,非达到理想,他不肯甘休。《论语》长沮桀溺章最足见出他的心事。长沮桀溺二人隐在乡下耕田,孔子叫子路去向他们问路,他们听说是孔子,就告诉子路说:"滔滔者天下皆是也,而谁以易之!"意思是说,于今世道到处都是一般糟,谁去理会它,改革它呢?孔子听到这话叹气说:"鸟兽不可与同群,吾非斯人之徒与而谁与?天下有道,丘不与易也。"意思是说,我们既是人就应做人所应该做的事;如果世道不糟,我自然就用不着费气力去改革它。孔子平生所说的话,我觉得这几句最沉痛,最伟大。长沮桀溺看天下无道,就退隐躬耕,是朝抵抗力最低的路径走,孔子看天下无道,就牺牲一切要拼命去改革它,是朝抵抗力最大的路径走。他说得很干脆,"天下有道,丘不与易也"。

再如耶稣,从《新约》中四部《福音》看,他的一生都是朝抵抗力最大的路径走。他抛弃父母兄弟,反抗当时旧犹太宗教,攻击当时的社会组织,要在慈爱上建筑一个理想的天国,受尽种种困难艰苦,到最后牺牲了性命,都不肯放弃了他的理想。在他的生命史中有一段是一发千钧的危机。他下决心要宣传天国福音后,跑到沙漠里苦修了四十昼夜。据他的门徒的记载,这四十昼夜中他不断地受恶魔引诱。恶魔引诱他去争尘世的威权,去背叛上帝,崇拜恶魔自己。耶稣经过四十昼夜的挣扎,终于拒绝恶魔的引诱,坚定了对于天国的信念。从我们非教徒的观点看,这段恶魔引诱的故事是一个寓言,表示耶稣自己内心的冲突。横在他面前的有两路:一是上帝的路,一是恶魔的路。走上帝的路要牺牲自己,走恶魔的路他可以握住政权,享受尘世的安富尊荣。经过了四十昼夜的挣扎,他决定了走抵抗力最大的路——上帝的路。

我特别在耶稣生命中提出恶魔引诱的一段故事,因为它很可以说明宋明理学家所说的天理与人欲的冲突。我们一般人尽善尽恶的不多见,性格中往往是天理与人欲杂揉,有上帝也有恶魔,我们的生命史常是一部理与欲,上帝与恶魔的斗争史。我们常在歧途徘徊,理性告诉我们向东,欲念却引诱我们向西。在这种时候,上帝的势力与恶魔的势力好像摆在天平的两端,见不出谁轻谁重。这是"一发千钧"的时候,"一失足即成千古恨",一挣扎立即可成圣贤豪杰。如果要上帝的那一端天平沉重一点,我们必须在上面加一点重量,这重量就是拒绝引诱,克服抵抗力的意志力。有些人在这紧要关头拿不出一点意志力,听惰性摆布,轻轻易易地堕落下去,或是所拿的意志力不够坚决,经过一番冲突之后，仍然向恶魔缴械投降。例如洪承畴本是明末一个名臣，原来也很想效忠明朝，恢复河山，清兵入关后，大家都预料他以死殉国，清兵百计劝诱他投降，他原也很想不投降，但是到最后终于抵不住生命的执著与禄位的诱惑，做了明朝的汉奸。再举一个眼前的例子，汪精卫前半生对于民族革命很努力，当这次抗战开始时，他广播演说也很慷慨激昂。谁料到他的利禄熏心，一经敌人引诱，就起了卖国叛党的坏心事。依陶希圣的记载，他在上海时似仍感到良心上的痛苦，如果他拿出一点意志力，即早回头，或以一死谢国人，也还不失为知过能改的好汉。但是他拿不出一点意志力，就认错做错，甘心认贼作父。世间许多人失节败行，都像汪精卫洪承畴之流，在紧要关头，不肯争一口气，就马马虎虎地朝抵抗力最低的路径走。

这是比较显著的例子，其实我们涉身处世，随时随地目前都横着两条路径，一是抵抗力最低的，一是抵抗力最大的。比如当学生，不死心踏地去做学问，只敷衍功课，混分数文凭；毕业后不拿出本领去替社会服务，只奔走巴结，贪缘幸进，以不才而在高位；做事时又不把事当事做，只一味因循苟且，敷衍公事，甚至于贪污渔佚，遇钱即抓，不管它来路正当不正当——这都是放弃抵抗力最大的路径而走抵抗力最低的路径。这种心理如充类至尽，就可以逐渐使一个人堕落。我尝穷究目前中国社会腐败的根源，以为一切都由于懒。懒，所以苟且因循敷衍，做事不认真；懒，所以贪小便宜，以不正当的方法解决个人的生计；懒，所以随俗浮沉，一味圆滑，不敢为正义公道奋斗；懒，所以遇引诱即堕落，个人生活无纪律，社会生活无秩序。知识阶级懒，所以文化学术无进展；官吏懒，所以政治不上轨道；一般人都懒，所以整个社会都"吊儿郎当"暮气沉沉。懒是百恶之源，也就是朝抵抗力最低的路径走。如果要改造中国社会，第一件心理的破坏工作是除懒，第一件心理的建设工作是提倡奋斗精神。

生命就是一种奋斗，不能奋斗，就失去生命的意义与价值；能奋斗，则世间很少不能征服的困难。古话说得好，"有志者事竟成"。希腊最大的演说家是德摩斯梯尼，他生来口吃，一句话也说不清楚，但他抱定决心要成为一个大演说家，他天天一个人走到海边，向着大海练习演说，到后来居然达到了他的志愿。这个实例阿德勒派心理学家常喜援引。依他们说，人自觉有缺陷，就起"卑劣意识"，自耻不如人，于是心中就起一种"男性的抗议"，自己说我也是人，我不该不如人，我必用我的意志力来弥补天然的缺陷。阿德勒派学者用这原则解释许多伟大人物的非常成就，例如聋子成为大音乐家，瞎子成为大诗人之类。我觉得一个人的紧要关头在起"卑劣意识"的时候。起"卑劣意识"是知耻，孔子说得好，"知耻近乎勇"。但知耻虽近乎勇而却不就是勇。能勇必定有阿德勒派所说的"男性的抗议"。"男性的抗议"就是认清了一条路径上抵抗力最大而仍然勇往直前，百折不挠。许多人虽天天在"卑劣意识"中过活，却永不能发"男性的抗议"，只知怨天尤人，甚至于自己不长进，希望旁人也跟着他不长进，看旁人长进，只怀满肚子醋意。这种人是由知耻回到无耻。注定的要堕落到十八层地狱，永不超生。

能朝抵抗力最大的路径走，是人的特点。人在能尽量发挥这特点时，就足见出他有富裕的生活力。一个人在少年时常是朝气勃勃，有志气，肯干，觉得世间无不可为之事，天大的困难也不放在眼里。到了年事渐长，受过了一些磨折，他就逐渐变成暮气沉沉，意懒心灰，遇事都苟且因循，得过且过，不肯出一点力去奋斗。一个人到了这时候，生活力就已经枯竭，虽是活着，也等于行尸走肉，不能有所作为了。所以一个人如果想奋发有为，最好是趁少年血气方刚的时候，少年时如果能努力，养成一种勇往直前百折不挠的精神，老而益壮，也还是可能的。

一个人的生活力之强弱，以能否朝抵抗力最大的路径为准，一个国家或是一个民族也是如此。这个原则有整个的世界史证明。姑举几个显著的例，西方古代最强悍的民族莫如罗马人，我们现在说到能吃苦肯干，重纪律，好冒险，仍说是"罗马精神"。因其有这种精神，所以罗马人东征西讨，终于统一了欧洲，建立一个庞大的殖民帝国。后来他们从殖民地获得丰富的资源，一般罗马公民都可以坐在家里不动而享受富裕的生活，于是变成骄奢淫佚，无恶不为，一到新兴的"野蛮"民族从欧洲东北角向南侵略，罗马人就毫无抵抗而分崩瓦解。再如满清，他们在入关以前过的是骑猎生活，民性最强悍，很富于吃苦冒险的精神，所以到明末张李之乱社会腐败紊乱时，他们以区区数十万人之力就能入主中夏。可是他们做了皇帝之后，一切皇亲国戚都坐着不动吃皇粮，享大位，过舒服生活，不到三百年，一个新兴民族就变成腐败不堪，辛亥革命起，我们就轻轻易易地把他们推翻了。我们如果要明白一个民族能够堕落到什么地步，最好去看看北平的旗人。

我们中华民族在历史上经过许多波折，从周秦到现在，没那一个时代我们不遇到很严重的内忧，也没有那一个时代我们没有和邻近的民族挣扎，我们爬起来蹶倒，蹶倒了又爬起，如此者已不知若干次。从这简单的史实看，我们民族的生活力确是很强旺，它经过不断的奋斗才维持住它的生存权。这一点祖传的力量是值得我们尊重的。

于今我们又临到严重的关头了。横在我们面前的只有两条路，一是汪精卫和一班汉奸所走的，抵抗力最低的，屈伏；一是我们全民族在蒋委员长领导之下所走的，抵抗力最大的，抗战。我相信我们民族的雄厚的生活力能使我们克服一切困难。不过我们也要明白，我们的前途困难还很多，抗战胜利只解决困难的一部分，还有政治、经济、文化、教育各方面的建设工作还需要更大的努力。一直到现在，我们所拿出来的奋斗精神还是不够。因循、苟且、敷衍，种种病象在社会上还是很流行。我们还是有些老朽，我们应该趁早还童。

孟子说："天将降大任于斯人也，必先苦其心志，劳其筋骨，饿其体肤,空乏其身,行拂乱其所为,所以动心忍性,增益其所不能。"于今我们的时代是"天将降大任于斯人"的时代了,孟子所说的种种磨折,我们正在亲领身受。我希望每个中国人,尤其是青年们,要明白我们的责任,本着大无畏的精神,不顾一切困难,向前迈进。

(载《中学生》战时半月刊第 44 期,1941 年 6 月 20 日)

刊物消毒

这些年来大家在提倡普及教育,扫除文盲,仿佛以为只要一般国民都能读书识字,一切问题就自会解决。现在普及教育已算有相当成效了,拿现在比三五十年前,文盲的数目确是减少了,而许多问题却仍然没有解决,社会也并没有光明起来。这就足见只有读书识字的能力还不够,还有一个更基本的问题:读什样书,识什样字!

文字只是一种钥匙,拿它来可以打开许多门类知识的门。可贵者并不在文字本身,而在文字所传的知识学问。我们叫许多人识字,有什么知识学问传给他们呢?或是换一个方式来问,现在多数识字的民众在读些什么书呢?

暂且按下这个问题不答,让我们回顾我们中国过去二千多年的情形。从前中国读书识字的人读的是什么书?不是经史,便是子集。就是一般不以读书为职业而略能识字的人们要拿读书来消遣,所读的也是《三国演义》、《水浒传》、《封神榜》、《西游记》一类带有文学意味或教训意味的书籍。

让我们再环顾现在欧美各国的情形。一般文明国家的民众在读些什么书呢？每一个人清早起来头一件事就是看报纸，白天里各人去做各人的事，到工作完了，若是没有旁的消遣，就读一点书，读的大半是各种知识方面的杂志，也有些人郑重其事地读文学、科学、哲学、历史各方面的名著。

现在我们再问目前中国的情形如何。到一个时髦的有钱的人家里一看，你居然看到一间书房，里面红木玻璃柜整整齐齐地摆着四部丛刊或是《大英百科全书》之类书籍，琳琅满目，可是从来没有人把它们打开翻一翻，它们只是装饰。走到一个公立图书馆，你零零落落地看到三五个人，管出纳的人守着柜台打瞌睡，整个的气氛冷清得像一座深山古刹。走到一家旧书店，店伙计大有"逃空谷者闻人足音"的喜悦，你纵不买书，他也巴不得你多留一会聊聊天；问起旧书价，他说论本不如论斤，当作废纸卖，价钱还要高些。走到一家新书摊，除掉一些陈腐的教科书和党八股式的宣传品之外，你看到一些红红绿绿的封面印着电影名[明]星的刊物，只有它们是崭新的，你可以想到它们无须在那里久摆，可怜的书贾们就靠它们来撑持门面。你如果在国内作一次旅行，你可以看见轮船上、火车上、飞机上、旅馆里、码头上、车站上，处处都是这些印着电影名[明]星乃至于妓女照片的红红绿绿的小型刊物。我说"红红绿绿的"，本是事实，不过据说它们的通行的台衔是"黄色刊物"，为什么是"黄色"，恕我无知。反正这些就是现在中国一般识字的民众所读的书。原来几十年来扫除文盲的努力就是为着要使一般民众有读这种黄色刊物的能力！

这些刊物的内容是家喻户晓的，无庸缕述。总之不外是影星妓女以至于学府校花名门闺秀的桃色新闻，贪官污吏的劣迹，社会里层的奸盗邪淫的黑幕，以及把这一切乌烟瘴气杂会在一起的章回小说。它们已在出版界树立起一种强有力的风气，凡是刊物如果不沾染它们的一点色彩,就行不通,卖不掉。我知道北平有一家报纸每天有大半篇幅都是报导强盗闹妓院,父亲逼奸女儿和儿子谋杀父亲之类"社会新闻"。

我能想象到茶房店伙、少爷小姐以至于达官贵人们读这一类刊物时的"过瘾"。过的什么瘾?淫瘾,盗瘾,欺诈瘾,残酷瘾,嘴嚼粪和猪滚污泥的瘾。他们有闲暇,黄色刊物消遣了他们的闲暇;他们有饥渴,黄色刊物满足了他们的饥渴。花钱不多,费时不多,买起来方便,带起来方便,读起来不用费脑筋而有陶醉之乐,读完了扔到字纸篓里,如吸完一袋烟之后吹去烟灰,本无足惜。谁说这不是近代文明带给人们的福泽!

中国人老是说"开卷有益",读这种黄色刊物的益处何在?它喂养了人们的低等欲望,让它们一天肥壮似一天;人们的心地本已恶浊,在它恶浊之上累积恶浊,叫他们永远甘于恶浊,不复知人间有所谓羞耻事。它在生命的源头下毒,把一切生命毒得一干二净。读品在近代荣膺"精神食粮"的雅号,这种黄色刊物也是一种精神食粮,它是精神食粮中的玛啡鸦片烟。像玛啡鸦片烟一样,它刺激你,麻醉你,弄得你黄疲刮瘦,瘫软无能;弄得你骨髓精血里都深藏它的毒素,遗传给你的子子孙孙。

玛啡鸦片的毒是有形的,人人知其祸害;黄色刊物的毒是无形的,许多人深中其毒而不自知。它的猖獗反映着民族精神的颓废,一般人的生活趣味的低落;大家对它多见不怪,所以法律不加禁止,舆论不加制裁,教育不加防范。依现在情形看,它还有一个很兴旺的前途。但是这是中国民族精神的生死关头所在,我们明知其不可为而仍不能不向国人大声报警:这种黄色刊物一日不扑灭,中国人就一日不能成为一个纯洁的健康的民族,而现在中国社会一切黑暗现象也就一日不能消除。

我们要用法律去制止它。它不能援言论自由作护身符。没有人有毒害人心的自由。我们既然可以禁止玛啡鸦片,也就可以禁止黄色刊物。在任何尊重自由的国家里,法律都要照管到所谓"公共善良风化"

(public decency)，何况黄色刊物的流播简直要危害国家的生存！我们不明白政府近来正在厉行纸张节约，把许多很好的刊物和报纸的篇幅弄得非常紧缩，何以还让这些海盗海淫的刊物横行无忌，像苍蝇蚊虫似的满天飞！

我们要用舆论去制裁它。这种黄色刊物的作者和发行者借逢迎人类低劣欲望来赚取几个钱维持生活，在事实上等于精神上的卖淫，而它的读者就是精神娼寮的顾主。我们必须使一般民众透彻地明白这个道理，明白作这种东西和读这种东西都是应该羞耻的丑事，一个人如果能借此赚钱或借此取乐，他的脸上就已打了一个烙印，证明他是属于下贱的一种。

我们要用教育去防范它。说到究竟，对于某种东西的爱和恶是趣味的问题。现在多数民众的趣味低劣到非黄色刊物不读，那只能证明两点，一点是上文所说的民族精神的堕落，一点是文字教育的腐败。前一点的责任我们人人都要负，后一点就要特别归咎于国文教师和文学作家。国文教师没有能使学生养成好坏的鉴别力以及非好书不读，见坏书就痛恨的那种严正的趣味。文学作家没有能替一般民众多写一些好书。人不是生来就倾向下贱的，所以流到下贱，是因为没有一种高尚的力量提举他，鼓励他。如果有好书可读，而修养又足够见出好书的滋味，人们为什么一定要去读黄色刊物呢？这是根本的解决，我们希望国文教师和文学作家们在这方面多加努力。

（载1948年1月1日《天津民国日报》）

旧书之灾

中国文化的特色之一，是印刷业最早兴起而也最盛行。我们略翻阅叶德辉的《书林清话》之类书籍，便可以明白我们的祖先在印书和藏书方面所费的心血和所表现的崇高理想。远者不必说，姑说满清时代，刻书是当时国家文教要事之一。在京师的有武英殿，在各省的有金陵、杭州、成都、武昌、广州各大官书局，都由政府资助，有计划有系统地刻印四部要籍，地方文献多由各当地书局分印，大部头著作一局不能独刻的则由各局合刻。刻书流传文化，是一件风雅的事，官书局之外有许多书籍的爱好者，像阮元、卢文绍、毕沅、鲍廷博、伍崇曜、黎庶昌、王先谦诸人都以私人的力量刻成许多有价值的丛书。当时读书人多，书的需要大，刻书也是一件可谋利的事，官局与私人之外，又有许多书贾翻刻一般销行较广的书籍，晚起的商务印书馆是一个著例。现在，官书局久已停闭了，私人刻书也渐没落了，书贾更不必说。从前许多辛辛苦苦刻成的书版大半已毁坏散佚，偶有存在的也堆在颓垣败壁中，无人过问。

从前，各大都市都有几条街完全是书肆，有钱的去买，无钱的去看，几乎等于图书馆。现在的情形就萧条不堪了,抗战初我到成都,西御龙街和玉带桥一带还完全是书店,到抗战结束那一年我再去逛,这些书店大半都已改为木器铺和小食馆,剩下的几家都在奄奄待毙。从前我在武昌读书的时候,沿江一带旧书店也顶繁荣,去年我经过那里,情形比成都更惨,有些像穷人区,破书和破铜、破铁或是纸烟、花生糖夹杂在一起,显然单靠卖书就不能撑持那破旧的门面了。听说苏州、广州、长沙各地,情形也大相仿佛。我因而联想到伦敦的切宁十字路,巴黎的赛因河畔,以及东京的神田(?)区,我不相信经过这次大战破坏之后,那些著名的书肆区就冷落到这种程度。

中国旧书聚汇的地方当然是北平。经过九年的抗战之后我回了这旧都,看见厂甸和隆福寺的那些书店居然都还存在,而且还是琳琅满目,美不胜收,心里颇为欣慰。可是每一家都如深山古刹,整天不见一个人进来。书贾为维持日常的开销,忍痛廉价出售存货,我花了四万元买了一部海源阁藏的《十三经古注》。二千元买了一部秀野草堂原刊的《范石湖集》,其它可以类推。买过后,我向店主叹了一口气说:"如今世界只有两种东西贱,书贱,读书人也贱!"事隔一年,今冬我逛这些旧书店,大半只是"过屠门而大嚼",书价比去冬要高二十倍了,我买不起了。显然读书人比去年更贱了。书是否真贵了呢?古逸丛书的零卖每册合到两万元,许多明刻本及乾嘉刻本也只要一、两万元一册。稀见的书或许稍贵一点。我买最平常的稿纸也要八万元一百页,一册旧书至多就只合到纸价的四分之一,刻工运输储存等等都算不上钱。旧书除研读以外还有一个用途,可以当废纸。当废纸它可以卖到两万元至三万元一斤。许多大部头的书现在是绝对找不到雇主的,像《图书集成》只能卖一千余万元,如当废纸卖,可望加倍。所以,这一年来,许多旧书是当作废纸出卖的。废纸有什么用场呢?一,杂货店可以用来包东西,买花生米拆开纸包一看,往往是宣纸莫刻南监本《五经》的零页;二,废纸可以打成纸浆做"还魂纸",质料好的印报章,质料坏的作厕所手纸。手纸也要值二三十万元一刀,一刀手纸和二十册左右旧书价值略相等。请想一想看,这情形是多么惨!

想什么!在这科学昌明时代而且是新文化运动时代,旧书本已无用了,活该做手纸!于是我联想起科举初停的时候,我父亲把家里几大箱时文闱墨送到荒地里,亲自掘一个冢,把它们"付之丙丁","葬之中野",我当时幼稚,不免惋惜,父亲说,"它们没有用处,留着占地方。"现在一般线装书的无用是否等于时文闱墨的无用呢?其中无用的当然不少,可是大部分是中国民族几千年来伟大的历史的成就,哲学思想的结晶,文物典章的碑石,诗文艺术的宝库,于今竟一旦一文不值了么?西方文化发展到现代这样的高潮,荷马、柏拉图、但丁、莎士比亚、康德、歌德、卢梭等一长串的作者并未变成陈腐无用,何以孔子、庄子、屈原、司马迁、陶潜、杜甫、朱熹一类人物就应该突然失去他们的意义呢?

于是我又联想起一些我所知道的藏书家,父祖几代费尽心血搜罗起许多珍善本,到了家庭衰败时,子孙们不知爱惜,把书籍送到灶房里引火,或是称斤出卖去换鸦片烟。就一家来说,这是家风的没落,子孙的不肖。现在我们整个民族也就像败家子了。各都市旧书的厄运很明显地指出两个事实:第一,过去几千年的中国文化已到没落期了,黄帝的子孙对于祖传的精神产业已不知道爱惜了;其次,一般中国人不像欧美人那样以读书为正常的消遣,在读书中寻不到乐趣,没有养成读书的习惯,所以书不行销。

我知道,在这兵荒马乱的年头,拿珍惜旧书来谈,未免"迂阔而远于事情"。但是,如果我们想到秦始皇焚书一事在中国文化史上的意义,那么,目前书灾并不是一件小事。汉兵入咸阳,萧何马上就派人抢救官府的图书,他所做的在当时也似是不急之务。我们要记得,现在各大城市遗留的一点旧书,是在这过去九年空前大劫中所未被敌人毁坏或抢掠的一部分,如果这些再毁于我们自己之手,我们不但对不起祖宗,对不起自己,也对不起人类。纵然目前有许多大家认为比较更紧急的事要做,我仍然认为,抢救旧书亦是一件急不容缓的事。好在这件事只要有人肯做,做起来并不太难。

第一,我向政府建议:在最近三五年中,每年提出约当现值一百亿的款项,这数目实在很微,不过是维持一个国立大学两个月费用的数目——分发各大都市的公立图书馆,或大学图书馆,责成它们就近采购当地旧书。采购的程序,须尽量把大部头书及善本书摆在前面。各图书馆已有的书复制几部也无妨,反正这批新购书是国家的产业,现在造册刊目代存,将来可以由国家分发以后陆续成立的新图书馆。

第二,我向有资产的私人建议:抢救旧书是一件有功德的事,他们应该尽他们的力量设法采购,供自己研读,传给子孙,或是捐赠给学校或图书馆,都无不可。或是再说得低调一点,他们把这件事当作投资,将来到了承平时代,再拿出来出售,也还是不会亏本的。

第三,我向各地旧书店建议:他们这些年来在艰苦中挣扎,值得我们同情,他们流传书籍,所做的仍是文化事业,千万不能把旧书卖去做还魂纸。从生意立场说,许多小门面分立互竞,是他们的致命伤。他们应化零为整,组成合股公司,消耗较小,维持也就较易。

(载《周论》创刊号,1948年1月)

学术会议与实际研究工作

北平研究院的学术会议刚告结束,中央研究院的院士会议现又在京举行。全国各种学术权威济济一堂,雍容商讨,上自天文,下至地理,大而文化思想趋势,小而蛙鼠繁殖,无不列入议程,各有论文宣读,可谓极一时之盛。不过就一般社会来说,人们只是从报纸上知道学术界又有这么一番热闹,看到一些与会人士的鼎鼎大名,从墙外去想象墙里的园亭之胜与宫室之美。这种宣扬作用当然是不可忽视的,它至少可以提醒一般社会人士有"学术"这么一回事,同时也提醒学术界人士于循名责实之际有一个"研究"的责任。这就是激扬研究学术的风气。

笔者自己也曾被邀参与过北平研究院的学术会议,自己于"循名责实"之际,实在感觉万分惭愧,这私人的心情是小事,姑不用说,只说就这一类学术团体而言,也觉得他们颇有一种危险的倾向,就是:会议年年有,研究件件空。这话并非要蔑视许多学术权威的成就,我相信会中某公所说的中国学者头脑不让人那句豪语是对的,可是如果说这几年来研究的工作不算太起劲,研究的成绩也不算太优异,我想这话在大体上并非过甚其词。我在这里只是想善意地指出顾到会议忘掉研究那一个危险的倾向。研究院的职责当然在研究。如果在研究上花工夫少,而在会议上花工夫多,可能给社会两个不良的印象:一个是学术团体也染上了衙门风气,在奉行故事,粉饰太平;一个是现在中国学者还没有摆脱过去中国学者传统的习气,就是呼朋引类,虚声标榜。这也并非说现在各学术团体有意要如此做,只是说长久如此,它可能有这么一个危险的倾向。

人人都知道:一个国家如果在学术文化方面落后,在其它方面也就不能不落后。今日中国到了这么一个局面,学者们恐怕要负一大部分责任。打长远计算,中国的救星也恐怕还在学者们。像中央研究院与北平研究院之类学术团体可谓集全国学术权威之精英,当然应有这种警觉,也当然应该勇敢地负起它们所应负的责任。它们的机构都有二十年左右的历史了,机构有了,进一步就应该发挥它们的功能。如何发挥功能?这是它们所应速谋解决的一个问题。这些年来兵连祸接,局面动荡不宁,而设备经费极端贫乏,它们面前摆着许多事实的困难,这是无可否认的。不过它们不能在困难之前束手待毙,它们的会员与院士应该利用他们在社会上的地位与信用,说服人民,说服政府,叫他们知道学术研究是国家命脉所系,应该尽最大的努力在国家预算中规定一宗巨款作学术研究的用途。我们要知道:在今日中国,研究学术是学者的责任,制造便利学术研究的环境也还是学者的责任。把一切失败推诿到环境就算卸了责,那是无异于相信命定主义,永无翻身之日。今日中国学术界消沉,最大的病源还不在环境的困难,而在学术界人士的意志的薄弱。他们对于学术,兴趣不够浓厚,态度不够忠实,很少有人在学术中发见自家安身立命处。我们知道有许多学问并不如一般人所想象的那样依赖环境,中国学术环境也并不如一般人所想象的那样恶劣;

我们也知道已往许多在学术思想上有伟大成就的学者们所处的环境还远不如我们的顺利。所以目前中国学术界的难题还在学者们自己的警觉与努力。

　　环境的凭借既然薄弱，我们就应该尽量利用它，以期收到最大的效果。今日有许多学问固然需要相当的设备，最重要的还是学者们中间的协力合作。胡适之先生最近在北平研究院演讲，曾强调学术文化的持续性，一代人接着一代人绵延不绝地工作下去，日积月累，成绩自然逐渐丰伟。这只是就纵的方面说，若就横的方面说，同时人的协力合作与历史的持续性实在有同等的重要。不单是各科学问都有互相联贯照应处，治某一科学问的人必须向许多其它科学问求他山之助；即就每一科学问本身而言，也往往是头绪纷繁，工作浩大，非任何人独力所能胜任。比如说在现阶段一个人要以独力写一部中国史，结果必不会好，因为政治经济文化思想各方面的问题太多，资料也太零乱，他一个人——尽管他是一位超人——决无法把它们弄得清清楚楚。可是中国学者们向来就有一个通病，爱以一个人的力量去解决一科学问上的大题目，关起门来埋头探索，不问旁人在同一范围内做些什么工作，得了些什么结果。这种作风养成许多固陋的成见与怪僻的幻想，固不用说，尤其重要的，是从每科学问整个的观点而言，没有一个通盘筹划，得不到集团的努力来推进，而且不易形成一个源委贯注的潮流，使那科学问在国内成为一个有生气的东西。这种作风是必须由中央研究院之类组织去设法纠正的。他们不但应该设法推进研究院、各大学教授与研究所以及国家或私人企业机关所附设之研究机构中的协力合作，而且对于在野的个别学者所研究的范围和所得的结果，也应有详确的调查，在可能范围内予以帮助和便利。在外国研究所中，成熟的学者常带着优秀的青年合作一个问题，就借此指导他们如何做研究，养成他们做学问所必有的谨严忠实的精神。这是特别值得我们效法的。现在许多知名的学者们都已渐就衰老,而且大半是能者多劳,能专心致志于学术研究的已不多,我们应该趁早培养下一辈子继起的学者,来维持胡适之先生所说的"持续性"。

(载《周论》2卷11期,1948年9月)

图书在版编目（CIP）数据

无言之美 / 朱光潜著. — 南京：江苏凤凰文艺出版社，2018.1
（大家散文文存：精编版）
ISBN 978-7-5594-1341-3

Ⅰ.①无… Ⅱ.①朱… Ⅲ.①美学－文集 Ⅳ.①B83-53

中国版本图书馆 CIP 数据核字(2017)第 272947 号

书　　名	无言之美
著　　者	朱光潜
责任编辑	孙金荣
出版发行	江苏凤凰文艺出版社
出版社地址	南京市中央路 165 号，邮编：210009
出版社网址	http://www.jswenyi.com
印　　刷	江苏凤凰通达印刷有限公司
开　　本	880×1230 毫米 1/32
印　　张	8.75
字　　数	215 千字
版　　次	2018 年 1 月第 1 版　2018 年 1 月第 1 次印刷
标准书号	ISBN 978-7-5594-1341-3
定　　价	32.00 元

（江苏凤凰文艺版图书凡印刷、装订错误可随时向承印厂调换）